中国

ZHONGGUO
JUZAI BUCHANG JIJIN
YUNZUO JIZHI YANJIU

巨灾补偿基金

运作机制研究

潘席龙／著

国家自然科学基金委员会面上项目 项目批准号：71073129

西南财经大学出版社

U0318900

图书在版编目(CIP)数据

中国巨灾补偿基金运作机制研究/潘席龙著.—成都:西南财经大学出版社,
2016.10
ISBN 978 - 7 - 5504 - 2677 - 1

Ⅰ.①中… Ⅱ.①潘… Ⅲ.①灾害—损失—补偿—基金—研究—中国
Ⅳ.①X4②F830.45

中国版本图书馆 CIP 数据核字(2016)第 246188 号

中国巨灾补偿基金运作机制研究

潘席龙　著

责任编辑:高小田
封面设计:墨创文化
责任印制:封俊川

出版发行	西南财经大学出版社(四川省成都市光华村街55号)
网　址	http://www.bookcj.com
电子邮件	bookcj@foxmail.com
邮政编码	610074
电　话	028 - 87353785　87352368
照　排	四川胜翔数码印务设计有限公司
印　刷	郫县犀浦印刷厂
成品尺寸	170mm×240mm
印　张	14.25
字　数	255 千字
版　次	2016 年 11 月第 1 版
印　次	2016 年 11 月第 1 次印刷
书　号	ISBN 978 - 7 - 5504 - 2677 - 1
定　价	69.80 元

前　言

　　呈献在您面前的这本书，是课题组全体同仁在一次次巨灾肆虐的背景下，经三十多次头脑风暴、前后八年反复探索的成果。不能说找到了应对巨灾风险的终极办法，但我们相信至少从理论上和模拟中找到了一套适合我国社会制度、经济水平和文化环境的应对之策。

　　本书的选题，产生于2008年5月12日下午2点28分的大地震中。十余万同胞的生命、8500多亿元人民币的财产损失，灾难中那一双双无助的眼睛和发自断垣残壁中的声声呼唤，都在向全社会诉求：我们需要一种制度性的巨灾应对方案，单靠政府财政的转移支付，是远远不够的。

　　从最初作为四川省哲学社会科学规划的选题，到进一步成为教育部青年基金的研究内容，再后来成为国家自然科学基金的面上项目，我们的研究也从最初提出基本的制度架构、再到具体的运作机制、相关规则、关键细节等逐步深入，最后通过计算机模拟的方式，初步检验了所提方案的可行性、现实性和有效性，算是给了我们前后十余位课题组成员一个交代，也算自己在良知上的得到了一丝安慰。

　　除了2010年已经出版的《巨灾补偿基金制度研究》中众多研究者的前期贡献外，本题在后续研究中得到了西南财经大学保险学院卓志教授的指导，中国金融研究中心曾康霖教授、刘锡良教授、陈野华教授的关怀和帮助，在此谨表诚挚的感谢！

　　本题在完成中，主要分工是：潘席龙负责课题的设计、安排和控制及最后定稿，并对整个课题的完成质量承担全部责任；文献整理和基础理论方面主要由邓博文、王淇完成；巨灾补偿基金制度概述主要由丁蕊完成；一级市场相关内容，主要由张忻宇完成；二级市场部分主要由王嘉琳完成；双账户资金变化及补偿金额的确定部分主要由潘席龙和吴雪芹完成；补偿基金的模拟运作，主要由张琳副教授和刘梦娇完成。另外，在巨灾补偿基金注册地的划分、二级市场交易制度、巨灾补偿基金定价和巨灾债券定价方面，我的学生余维良、刘武华、蒋卫华和潘磊也做了大量的工作。在此，谨向课题组全体成员表示感谢！

此外，在本选题的申请和完成过程中，西南财经大学科研处的谢波老师给予了大量的帮助，在此一并表示感谢！

从《巨灾补偿基金制度研究》到本书的出版，西南财经大学出版社的编辑们付出了艰辛的努力，纠正了原稿中存在的许多谬误，特别是本书的编辑高小田老师，不辞辛劳三阅书稿，也请允许我在此表达由衷的谢意！

按理，课题完成了、书也出了、文章也在发表中，似乎一切都很"完美"，应该感到如释重负才对。可我却感到从未有过的"无力感"：作为一个理论工作者，根本没有力量来推动整个巨灾补偿基金的建设；人微而言轻，无论理论上、模拟中这些东西是多么"完美"，也无法真正有效应对千千万万老百姓所面临的巨灾风险。

这些理论上的东西究竟能不能走入现实？什么时候我们在面对巨灾时才能不再那么无助？市场化、制度性的解决方案如何才能成真？我仿佛看到了大地震中那一双双无助的眼睛，听到了断垣残壁中的呼唤，他们都在问着同样的问题：行动吧，还在等什么？

让我们一起积极参与到我国巨灾应对体系的建设中来吧，期待着这套理论上、模拟中都还说得过去的东西，能真正在实践中造福于民，那就不枉多年的辛劳，能给上面的问题一个实际的回答了。

潘席龙

2016 年秋雨中于学府尚郡

目　录

1 研究背景与文献综述

　　巨灾是全人类共同面临的问题，据联合国统计，从 1970 年开始，全球有记录的灾难超过 7 000 次，造成损失超过 2 万亿美元，导致至少 250 万人死亡[①]。而且，巨灾造成的损失不断增长，20 世纪 70 年代，每年自然灾害造成的损失大约 50 亿美元，而 1987—2003 年骤增至约 220 亿美元[②]。仅 2008 年，因巨灾造成的经济损失就达到 2 690 亿美元，2011 年则创纪录地达到 3 708 亿美元[③]。巨灾对各国的经济发展和社会稳定带来了极为不利的影响。

　　我国更是属于巨灾高发国家，据联合国统计，20 世纪全世界 54 起最严重的自然灾害中，就有 8 起发生在我国。20 世纪 50 年代，我国灾害发生频率为 12.5%，60 年代升至 42.9%，80 年代高达 70%，而进入 21 世纪，几乎年年发生巨灾[④]。据统计，1990—2009 年的 20 年间，我国因灾造成的直接经济损失占国内生产总值（GDP）的 2.48%，平均每年约有 1/5 的国内生产总值增长率被自然灾害损失抵消[⑤]。2013 年，各类自然灾害共造成全国 38 818.7 万人次受灾，1 851 人死亡，433 人失踪，1 215 万人次紧急转移安置；87.5 万间房屋倒塌，770.3 万间房屋不同程度损坏；农作物受灾面积 31 349.8 千公顷，其中绝收 3 844.4 千公顷；直接经济损失就高达 5 808.4 亿元[⑥]。

　　为了降低巨灾损失，有效防范巨灾风险，世界各国采取了不同的应对模式，有政府主导型、市场主导型、政府与市场结合型等，这些模式各自具有不同的优势和劣势，而且需要同自身国情紧密结合。此外，各国的巨灾风险分担机制也不一样，主要有政府分担、保险市场分担、资本市场分担等，不同风险

---

① United Nations. World Economic and Society Survey 2008：Overcoming Economic Insecurity. New York：NY, 2008. 6.

② 谢家智，陈利. 我国巨灾风险可保性的理性思考［J］. 保险研究，2011（11）：20-30.

③ 数据来源：瑞士再保险 Sigma 杂志、慕尼黑再保险资料.

④ 王和. 我国巨灾保险制度建设刻不容缓［J］. 巨灾风险分担机制研究，2013：前言.

⑤ 王和. 我国巨灾保险制度建设刻不容缓［J］. 巨灾风险分担机制研究，2013：前言.

⑥ http：//www. chinanews. com/gn/2014/01-04/5697341. shtml.

分担机制也各具优势和劣势，需要各国结合自身实际情况来选择。

就我国来说，因巨灾种类多、发生频率高、损失大、范围广，加之巨灾保险市场渗透率低、保费不足、赔付准备金规模小，借助资本市场分担巨灾风险还存在许多障碍，所以采取政府为主体、公共财政为支撑的"举国体制"。这种"举国体制"在历史上曾经发挥过重要作用，但弊端也日益突出，比如成本高、效率低、保障弱、浪费大、不公平、不利于防灾减灾，难以避免舞弊和腐败等。

为了有效应对巨灾风险，减少巨灾损失，避免巨灾对我国国民经济和社会发展造成严重不利影响，势必需要探索适合我国国情的巨灾风险应对模式。潘席龙等人（2009）基于我国巨灾保险不发达的现状，运用金融工程的原理和方法，融合基金、保险和证券等多种金融工具，设计出巨灾补偿基金模式。该模式是一种金融创新，具有相对于传统模式的许多优势，旨在为我国建立全国性、综合性、广覆盖、可持续、高效率的巨灾风险管理体系发挥建设性作用。以下对各种巨灾风险应对模式和分担机制进行对比分析，让大家对巨灾补偿基金的特点有一个整体性、框架性的了解和认识。

1.1 巨灾风险应对模式的对比分析

世界各国由于在政治体制、经济实力、风险特征、金融状况、法律规范、民众意识等方面各不相同，因而采取了不同的应对巨灾风险的模式。目前通行的做法是按照政府和市场在巨灾风险应对中的定位进行划分，可以分为三种模式，即政府主导型、市场主导型和政府与市场结合型，这三种模式各有其特点和优劣势。

1.1.1 政府主导型

政府主导型即政府在防灾、救灾、灾后重建等巨灾风险应对工作中居于主导地位，以新西兰、美国洪灾和核灾为主要代表。

1.1.1.1 理论依据

由政府主导防灾、救灾和灾后重建等巨灾应对工作，有其理论基础和现实依据。从理论研究方面来看，主要从以下几方面论证政府参与的必要性：

（1）巨灾风险的不可保性。Kleindorfer 和 Kunreuther（1999）、Kunreuther（2006）研究发现，对于概率非常低、损失可能非常惨重的地震、飓风和洪水等自然灾害，由于风险不确定性很高，难以准确预测损失分布，保险公司往往不愿意承保，即使承保，价格也会偏高。Browne 和 Hoyt（2000）以及 Auffret（2003）研究投保主体行为得出，人们容易低估巨灾风险发生的概率和损失，会觉得保费过高。供需两方面对巨灾风险认识的偏差，使得巨灾风险在保险市场无法有效分散而成为不可保风险。

胡新辉等（2008）结合有限理性假说，从个体选择行为出发，得出在我国经济、社会和保险业承保能力等条件下，私人保险市场对洪水巨灾风险不可保的结论。

丁元昊（2009）指出只有解决了逆向选择、可评估性和经济可行性等传统风险可保条件后，巨灾风险才具有可保性。

卓志、丁元昊（2011）指出，由于巨灾风险的小概率、高损失、高不确定性，无法满足大数法则要求的大量独立同质风险，因而在纯市场框架内，巨灾风险不可保且难以负担，只有在政府与资本市场的参与下，巨灾风险才能成为可保风险并有限定的可负担。

田玲、邢宏洋、高俊（2013）研究认为：巨灾风险的模糊性、低频高损失、难以聚合以及保险人的偿付能力、管理能力和经营目标等因素都可能会影响巨灾风险的可保性。

目前学者普遍认为，巨灾风险在商业保险市场范围内不可保，只有政府、市场以及政策法规的有效结合，巨灾风险才可保。

（2）市场失灵。由于巨灾风险市场信息不充分，很难掌握巨灾的准确信息，加之国际再保险市场处于寡头垄断状态，不是一个完全竞争市场，再保险价格远高于充分竞争的价格，且供给具有不完全弹性，以及巨灾风险市场的交易费用高等原因，使得巨灾风险市场失灵，必须通过政府参与来解决该问题。

（3）巨灾风险管理属于准公共品。由于巨灾风险管理并不具有完全的竞争性和排他性，比如公共救助、灾害防护基础设施等，所以按照经济学基本原理，会出现巨灾风险管理供给不足的市场失灵现象。

卓志、王化楠（2012）基于公共物品角度的分析，认为巨灾风险管理不是纯公共物品，具有准公共物品属性，是在私人物品和公共物品上更接近公共物品的一种产品和服务，因此政府必须参与巨灾风险管理产品和服务的供给，才能避免市场失灵的问题。

（4）逆向选择和道德风险。由于保险市场存在逆向选择和道德风险，从而导致保险市场不完美，巨灾保险市场也不例外。Freeman 和 Kunreuther（1997）、Gollier（2005）、Freeman 和 Scott（2005）认为，逆向选择使得高风险的人比低风险的人更愿意购买巨灾保险，如果过多的高风险人群购买了巨灾保险，无疑会对保险公司的偿付能力产生影响，保险公司因此会提高巨灾保险保费，减少巨灾保险供给。

Henriet 和 Michel Kerjan（2008）则通过研究发现，保险公司对于地震、飓风、洪水等巨灾风险，比投保人更了解他们面临的风险，保险公司具有的这种信息优势使得其在承保风险时出现逆向选择现象，也即只接受低风险的投保人，而拒绝高风险的投保人。

Gollier（2005）认为道德风险会对巨灾风险产生不利影响，投保人投保后，缺乏足够的激励措施进行风险防范，保险人不能观察并督促投保人的风险防范行为，从而可能导致巨灾损失的扩大。

正因为巨灾保险市场的逆向选择和道德风险导致有效供给和需求均不足，并可能降低人们防灾的努力从而扩大损失，所以仅凭保险市场是无法有效应对巨灾风险的，必须让政府发挥应有的作用。

（5）金融功能观。Merton（1995）最早提出金融功能观，他指出金融唯一原始的功能是"在不确定的环境中，促进经济资源跨时期、跨国家和地区的配置"。高海霞、姜惠平（2011）从金融功能观角度分析认为，巨灾损失分担对金融功能首要的需求就是风险的分散，包括时间维度和空间维度的分散。保险和资本市场主要从空间上进行损失分担和风险分散，而对某一时点发生的巨灾损失无可奈何，因为在时间维度上分散风险存在很多困难，成本太高。而政府在时间维度上分散风险具有相对优势，一方面国家可以通过税收、信贷等多种手段积累巨灾准备金，成本比商业机构更低，另一方面在巨灾发生时，以国家信用为基础的融资成本也更低。鉴于政府在时间维度上分散风险的优势，所以巨灾风险应对需要政府的参与。

1.1.1.2　现实依据

从现实依据来看，巨灾保险市场确实存在以下失灵现象：

（1）巨灾保险的供给有限，而且价格较高。

（2）许多面临巨灾风险的消费者并不愿意购买保险。

（3）巨灾保险市场的价格和承保能力存在明显的波动性。

（4）许多国家的政府都不同程度地干预巨灾保险市场。

现实中的市场失灵，为政府参与巨灾管理提供了依据，而完全由市场提供巨灾风险管理的失败案例，更是使得各国政府不得不介入巨灾风险管理。自1980年以来，国际财产保险业所出现的三次偿付能力危机中有两次是由巨灾损失造成的，可见保险业对于巨灾风险的承担能力有着很大的局限性。

美国保险业在20世纪20年代后期因洪水灾害遭受了巨大损失，使得商业保险公司不再提供洪水保险，洪水保险因此缺失了几十年，遭受洪水侵袭的民众只能从政府和慈善机构获得一些救助。政府不得不创设联邦洪水保险制度，出台"国家洪水保险计划"，建立国家洪水保险基金，为洪水风险转移和分散提供服务。

1994 年美国发生的北岭地震使众多保险公司赔付掉几十年甚至半个世纪积累的保费，它们开始停止地震保险的销售，或给地震保险附加诸多苛刻的条件，加州房地产资产因而严重暴露在地震风险之下。加州政府不得不介入地震保险市场，推出"小保单"地震保险，在降低保险公司承保风险的同时，降低保险费率，使民众可以接受。但由于该项制度由市场主导，不具有强制性，投保率严重不足，目前仅在 10% 左右，可见市场主导在提高巨灾保险覆盖范围和保障能力方面存在明显的局限。

综上所述，无论从理论基础，还是从巨灾应对的现实实践来看，政府都是不可或缺的重要一员，所以政府主导型的巨灾应对模式就应运而生，并在巨灾应对方面发挥了重大作用。

1.1.1.3　实践案例①

从实践来看，政府主导型主要有新西兰、美国的洪灾和美国核灾几种模式。以下分别就这些不同模式的组织机构、应对策略、金融产品、资金来源、运作方式、损失分担等方面予以比较。

（1）新西兰模式

地震委员会作为核心管理机构，由新西兰国家财政部组建，其职责包括设计地震产品、管理地震保险基金、进行再保险安排等。在应对策略上，则是通过强制购买火灾险的居民购买附加的地震险，实现基金的有效积累，并通过再保险、分层设计和国际市场来分散风险，提高偿付能力，为民众提供可靠的巨灾风险保障。新西兰地震委员会的主要金融产品为保险和再保险，居民向保险公司购买地震保险，地震委员会购买再保险产品转移较高层次的风险。其主要有三个资金来源渠道：①财政拨款，初始资金约 15 亿新西兰元来源于政府的"新西兰自然灾害基金"；②强制征收的保费；③基金的投资收益。

从运作方式看，地震委员会设计统一费率、统一条款的地震保单，商业保险公司担当经纪人，负责销售和理赔。商业保险公司销售的地震保费上交地震委员会，由后者统一管理，积累的基金或用于投资，购买本国或外国的债券，

---

① 王和，何华，吴成丕，等. 巨灾风险分担机制研究 [M]. 北京：中国金融出版社，2013；王和，何华，吴成丕，等. 国际巨灾保险制度比较研究 [M]. 北京：中国金融出版社，2013.

或用于购买再保险以转移较高层次的赔付风险，或用于赔付巨灾发生后的损失。

在损失分担上，新西兰地震损失分担划为四层，具体如下：

第一层，发生巨灾后，地震委员会先行承担2亿新西兰元的赔付责任。

第二层，损失2亿~7.5亿新西兰元，再保险人承担40%的损失，地震委员会承担60%的损失。

第三层，损失7.5亿~20.5亿新西兰元，由超赔再保险进行赔款摊回。

第四层，损失超过20.5亿新西兰元时，先由政府所辖自然灾害基金支付，基金耗尽后由政府承担最后赔付责任。地震委员会每年要向政府支付一定的保证金。

（2）美国洪灾模式

联邦紧急事故管理总署为美国洪灾的核心管理机构，负责计算和绘制洪水风险区划图，设计保险条款，厘定保险费率，制订洪水保单和洪泛区居民迁移标准，评估国家洪水保险计划执行情况，并为地方政府、企业和居民提供技术支持。联邦紧急事故管理总署所辖的联邦保险管理局负责"国家洪水保险计划"的具体经营和管理。

在应对策略上，通过采取部分强制购买洪水保险，设定国家和社会洪泛区管理标准以减少潜在风险暴露，以及通过国家临时财政资助来应对洪水灾害冲击，降低灾害损失，为民众提供基本的洪水灾害保障。其主要金融产品为保险，社区和居民向保险公司购买保险，保险公司将保费上缴"国家洪水保险计划"。主要资金来源为保费，在遭受严重洪水损失时，可以向国家财政临时借款，但需由洪水保险基金偿还。

在运作方式上，联邦紧急事故管理总署制定洪水保单，由参加自行签单计划的商业保险公司代理出售洪水保单，并将售出的保单全部转交给联邦保险管理局，所收取的保险费由联邦保险管理局统一管理和使用。商业保险公司只获取佣金，不承担风险，政府负责对赔付限额内的损失进行补偿。对损失的分担，则主要通过保险在投保人之间分散风险，面临重大洪灾损失时国家财政提供临时支持，没有分层的损失分担机制。

（3）美国核灾模式

在核灾方面，核共体作为其核心管理机构，由美国60家保险公司联合成立。核管理委员会统一负责核能及核安全管理，包括制定核安全相关政策法规，核电站执照发放和更新，民用核反应堆的安全监督管理，建立和执行核事故应急预案等。在策略上，通过成立核共体，强制投保，建立储备金，以及全国统一的核安全管理和事故应急机制，有效降低和分散核安全风险，构建一套完整的核安全保障体系。其主要金融产品为保险和再保险，各个核反应堆每年向核共体购买保险，核共体向国内、国际的再保险公司购买再保险，转移风险。资金则主要来源于：①各核电站缴纳的保费；②核电站运营商每年缴纳的1 750万美元的储备金。

在运作方式上，每个核电站每年向核共体购买保险，并缴纳一定数额的储备金，核共体购买再保险进行风险分散。一旦发生核事故，首先由核共体承担第一位损失，当保险不能满足赔付时，由各个核电站缴纳的储备金负责赔付。

在损失分担方面，总的来说分为两个层次：

第一层次为核共体，承担第一位的损失，为每个核反应堆的所有者和经营者提供1.6亿美元的损失保障，既包括财产保险也含责任保险。

第二个层次为各个核电站缴纳的储备金，目前已累积到122亿美元。当保险不能满足赔付时，由储备金提供补偿，从而实现各个核电站共担事故损失，大大提高了赔付能力。

1.1.1.4 特点总结

以下从单项或综合、强制或自愿、差别费率、有无免赔额、有无赔付限额、有无兜底、运行效果七个方面对以上三种政府主导型巨灾应对模式进行比较，见表1-1：

表1-1　　政府主导型的三种巨灾风险应对模式特点一览表

项目	新西兰模式	美国洪灾模式	美国核灾模式
单项/综合	综合风险	洪水单项	核事故单项
强制/自愿	强制	条件性强制	强制
差别费率	无	有	基本无
免赔额	有	有	无
赔付限额	有	有	有
兜底	有	无	无
运行效果	投保率高、费率低廉、运作高效、激励不足	运作较好、激励有效，但债务沉重	运作高效、保障有力

由表1-1可见，尽管都是政府主导型的巨灾风险应对模式，但是三者在六个方面各有异同，新西兰模式是对包括地震、海啸、地层滑动、火山爆发及地热等综合自然灾害风险提供保障，在全国范围内强制实施，费率统一，对赔付

有免赔额和限额，政府提供最后兜底保障。而美国洪灾模式只针对洪灾风险，对居于洪水危险区的居民进行强制，非洪水危险区居民自愿，根据洪水风险大小和防护措施等实行差别费率，有免赔额和赔付限额，政府只在重大洪水灾害时提供临时资助，并不提供兜底保障。美国核灾模式只针对核灾风险，对核电站实施强制，各核反应堆的保费基本相同，只是同一座核电站的第二个或第三个反应堆的保费相应调低以反映限额共享原则，各核电站每年缴纳相同的储备金，没有免赔额，有赔付限额，政府不提供兜底。

从运行效果看，新西兰模式运作高效，投保率高，超过90%的民宅房屋以及约80%的室内财产都购买了地震保险，且该模式管理成本低，保费费率低廉，民众可负担。但由于无差别费率，对民众主动采取防灾减灾的措施激励不足。美国洪灾模式在保障居民洪灾风险，减少洪灾风险暴露，节约联邦救灾援助和防洪支出等方面运作良好，差别费率有效激励民众为防灾减灾努力，但由于损失承担主体单一和巨灾损失的长尾性，导致"国家洪水保险计划"债务沉重。美国核灾模式运作高效，对核灾风险保障有力，在三哩岛事故中，损失单位得到了有效赔付。

1.1.1.5 政府主导的优势

综合分析，政府主导型巨灾应对模式具有以下几个方面的优势：

第一，解决市场失灵。由于巨灾风险管理属于准公共品，巨灾风险市场的信息不充分性和不完全竞争，市场交易费用过高，以及逆向选择和道德风险的存在，使得巨灾风险市场失灵。对于市场失灵，只有政府参与才能有效解决产品和服务的供给，降低供给成本，并改善整个社会的效用水平。

第二，实现社会公平。由于巨灾风险管理的根本目的之一是保障民生，使民众在遭受巨灾后能够获得基本的生活保障，有很强的公益性，因此必须注重公平性。政府主导能够使低收入群体也能享受到巨灾风险管理服务，更有利于实现社会公平的目标，而市场在解决低收入者巨灾风险保障方面却存在很大的局限。

第三，节约成本。政府通过统一的巨灾风险管理规划，建设各种防护工程和设施，提供巨灾管理信息，培育公众防灾减灾意识等，具有规模效应，能够降低由社会组织分散提供、重复生产、信息不对称等增加的成本。

第四，可有效组织公共资源和力量。政府可以通过法律、税收等手段实现巨灾风险成本的有效分摊，在面临巨灾时还可以通过动用财政、军队、金融、发动民众等手段来应对，能够在更大范围、更大规模、更高效率地组织防灾、救灾和灾后重建的资源和力量，而市场力量却难以做到。

第五，分散风险。由于巨灾风险市场在时间维度上分散风险的局限性，使得市场主体在面临巨灾时风险极大，甚至破产。政府主导则可以更好地在时间维度上分散风险，比如政府可以通过法律、税收手段等更快、更低成本地积累起巨灾风险基金，借助国家信用支持也不必承担金融市场的高额融资成本等。

1.1.1.6 政府主导的劣势

除了具有上述优势，政府主导也潜藏一些不足和劣势，主要表现为：

第一，救助能力。政府主导的巨灾风险应对模式受到国家财政能力的较大制约，对于财政资金有限或不足的政府来说，不能保证民众在巨灾发生时得到有效的救助。

第二，机会成本。政府对巨灾的救助，往往需要把先前确定好的预算支出，如一些重大工程的投资、重点项目的建设，转移到灾后救济和重建上，从而影响经济增长，具有较高的机会成本。

第三，赔付程度。由于政府救助属于非契约性赔付，受到政府的财政能力、巨灾发生的范围和损失的大小等影响，具有很大的不确定性。特别当财政能力有限，或巨灾损失惨重，赔付程度往往较低，不能充分弥补民众巨灾的损失。

第四，赔付速度。政府救助要通过各个行政部门的审批，除了巨灾发生后用于保障基本生活的救灾物资能够迅速到位外，后续的赔付资金往往较为缓慢。

第五，赔付资金使用效率。由于财政赔付是无偿的，缺乏有效的内生性制约机制，容易导致赔付资金的浪费、挤占或挪用，甚至出现舞弊和腐败等问题，从而导致赔付资金的运用效率不高，运用效果不好。

第六，负向激励。政府对巨灾的救助可能导致人们产生依赖心理，带来"道德风险"和"慈善危害"，即降低灾民购买保险的积极性，在灾害易发地区从事生产生活，不采取必要的风险减轻措施，增加高风险地区的风险暴露，从而使政府在以后的巨灾中可能面临更大的救助支出。政府赔付的无差异性，实际上是低风险纳税人补贴高风险纳税人，向民众发出错误的激励信号。

1.1.2 市场主导型

市场主导型即市场在防灾、救灾、灾后重建等巨灾风险应对工作中居于主导地位，以英国模式、美国加州震灾模式、德州风灾模式和挪威模式为主要代表。由市场主导防灾、救灾和灾后重建等巨灾应对工作，同样有其理论基础和现实依据。

1.1.2.1　理论依据

从当前学术界来看，主张市场主导的理论包括：

第一，资源优化配置论。由于市场在产品定价和提供激励方面有政府无法达到的优势，能够实现资源的最优化配置。同样，由市场主导的巨灾风险应对模式能够实现用于防灾、救灾、灾后重建的资源达到最优化配置，而政府主导则可能造成资源的巨大浪费。Garrett 和 Sobel（2001）通过对美国联邦紧急事务署在 1991—1999 年期间的救助支出进行考察发现，几乎有一半的救助支出是出于政治原因而不是实际救灾需要。另根据美国审计署 2005 年的统计，重复损失的建筑在国家洪水保险计划承保建筑中尽管占比很少，但每年却有很高的赔付额，其中近 10% 的重复损失建筑的保险赔付金额超过了建筑物本身的价值，造成了较大的浪费。

第二，效率论。卓志、王化楠（2012）指出巨灾风险管理由市场供给的最大优势在于可以显著提高效率，包括质量提高，产品多样化，生产更灵活，渗透更广泛，通过价格信号引导人们作出理性决策等。高海霞、姜惠平（2011）认为巨灾的市场化赔付更具经济效率，具体包括赔付程度确定、赔付速度更迅速、赔付资金使用效率更高等。

第三，政府局限论。Priest（1996）认为政府由于政治和社会原因的局限，很难严格执行科学的保险经营准则，导致其承保范围和规模远大于私人保险公司，而保险标的的相关性可能使其面临重大损失。王银成等（2013）指出政府在巨灾应对中存在较多局限，包括救助能力有限，风险管理技术不如市场主体专业，理赔服务经验缺乏等。

第四，激励理论。Kaplow（1991）、Coate（1995）等人的研究表明，如果人们预期到政府会进行灾后救助，就会减少巨灾保险的需求。同时生活在高风险地区的人们无法提高风险防范意识，甚至更多在灾害易发地区生产和生活，增加巨灾风险暴露，出现负向激励现象。Priest（1996）指出政府经营的保险项目通常不会严格执行差别费率制度，从而导致低风险的投保人补贴高风险投保人，保费没有反映出投保人的实际风险水平，因此无法激励社会的减灾努力。此外，政府为了争取选民的支持，往往降低理赔标准，甚至进行无偿援助，导致严重的道德风险。因此他认为政府的干预不仅不利于减少社会风险，甚至有可能增加社会风险。

1.1.2.2　现实依据

英国采取市场主导的洪灾风险应对模式，经实践证明是成功的。英国存在洪水风险的财产比例约 10%，洪水保险投保率达 80% 以上，洪水风险得到有效分散，洪水保险费率也较低，并持续提供。据英国政府估计，全英有 2 000 多亿英镑的财产受到洪灾威胁，如果不采取应对措施，每年洪灾损失将高达 35 亿英镑，采取措施后，每年洪灾损失为 8 亿英镑，意味着防洪投资收益每年高达 675%。

美国洪水风险由政府主导应对，由于损失承担主体单一，没有充分借助市场手段分散风险，导致目前债务沉重，财务难以持续。运行过程中，还出现重复赔付问题，造成严重的资源浪费。

此外，从许多国家的政府在巨灾救助过程中表现出的反应迟缓，官僚作风，挤占挪用救灾物资，营私舞弊，浪费严重和效率低下等现象，也从另一个方面证明了由市场主导巨灾风险应对的必要性。

综上所述，无论从理论依据，还是从现实依据来看，由市场主导巨灾风险应对均有其合理性，因此，许多国家采取了市场主导的巨灾风险应对模式。

1.1.2.3 实践案例①

（1）英国洪灾模式

英国洪灾的核心管理机构为私营保险公司，提供洪水保险和理赔服务，承担赔付损失。政府不参与洪水保险经营管理，不承担损失赔付，主要负责投资防洪工程、建立有效的防洪体系，并向保险公司提供洪水灾害评估、灾害预警、气象研究资料等相关公共产品。其应对策略是通过私人保险公司和政府的密切配合，充分发挥各自优势，由私人保险公司提供洪水保险服务，政府提供防洪设施、技术支持和信息服务等公共产品，并借助再保险有效分散风险，为民众提供可靠的洪水风险保障。

英国洪水保险所用主要金融产品为保险和再保险，居民向保险公司购买保险，保险公司购买再保险进行风险分散。所以，其主要资金来源为保费收入、投资收益以及再保险的赔付，对再保险的依赖性很强。

在运作方式上，英国的洪水保险采取市场化经营方式，各商业保险公司根据自己的统计数据进行精算，没有标准的保费水平和免赔额。家庭和企业向保险公司购买洪水保险，保险公司通过再保险进一步分散风险。只有某地区采取达到特定标准的防御工程措施或积极推进防御工程改进计划，各商业保险公司才会在该地区的家庭财产保险和小企业保单中包含洪灾保险。当发生洪灾时，各保险公司通过自己的分销网络完成理赔服务。

---

① 王和，何华，吴成丕，等. 巨灾风险分担机制研究 [M]. 北京：中国金融出版社，2013；王和，何华，吴成丕，等. 国际巨灾保险制度比较研究 [M]. 北京：中国金融出版社，2013.

英国洪灾的损失分担分为两层：保险公司承担第一层次的损失赔付，再保险公司承担第二层次的损失赔付，具体赔付比例由各保险公司向再保险公司的分保比例决定。

（2）美国加州震灾模式

加州地震局为核心管理机构，由各保险公司提供资金组建而成，负责制定保单、收取保费、管理保费以及承担损失。其应对策略是通过建立私有资金基础上的非营利性公共机构，采取非强制方式，以"小保单"筹集保险基金，并采用再保险、巨灾联系证券等手段分散风险，为民众提供大范围内的基本地震风险保障。

所用的金融产品主要包括保险、再保险和巨灾联系证券，民众向保险公司购买保险，加州地震局购买再保险和发行巨灾联系证券。主要资金来源包括：保险公司筹集的初始资金、保费、投资收益和巨灾联系证券的赔付收入。

在运作方式上，加州地震局制定保单，由加入加州地震局的保险公司成员负责销售"小保单"，办理续保和理赔等业务。保费上缴加州地震局管理，其中约83%用于损失赔付，14%为保险公司的佣金，只有3%用于加州地震局运营。加州地震局把保费积累的基金用于购买再保险和投资，并发行巨灾联系收益债券。一旦发生地震灾害，较低层次由加州地震局承担，只有顶层的损失由加州地震局成员保险公司分担。

对地震损失，其分担分为四个层次：

第一层，由加州地震局自有资金约36亿美元，承担底层比较常见的地震损失。

第二层，再保险公司承担第二层约31亿美元的损失。

第三层，由巨灾联系收益债券承担第三层约3亿美元的损失。

第四层，顶层比较罕见的严重灾害损失由加州地震局成员保险公司分担。

（3）美国德克萨斯州风灾模式

德克萨斯州风灾模式是以德克萨斯州风暴保险协会为核心管理机构，由保险公司组成的共保体，负责保单制定、销售和理赔，并联合在灾害研究领域领先的高校制定建筑规范，监督建筑规范在沿海的实施。其应对策略是通过保险公司构成的共保体，严格执行建筑标准规范和控制保险房屋质量，并采用再保险、发行债券等方式分散风险，有效降低风险暴露，为民众提供可靠的飓风风险保障。所使用的金融产品包括保险、再保险、金融债券，居民向德克萨斯州风暴保险协会购买保险，德克萨斯州风暴保险协会购买再保险分散风险，并发行金融债券筹集资金。主要资金来源为保费和成员保险公司的缴费，也通过发行金融债券筹集赔付资金。

在运作方式上，德克萨斯州风暴保险协会隶属德克萨斯州保险部，是由众多成员保险公司组成的保险共保体，提供保险承保、续保和理赔等一系列服务。德克萨斯州风暴保险协会对投保标的有严格的限制条件，不符合规定的风险单位不予承保，其提供的保险也相对便宜。成员保险公司按照德克萨斯州风暴保险协会的规定审核风险单位，销售协会设计的保险，并负责理赔。保费上缴给德克萨斯州风暴保险协会，由其统一管理和使用，当发生巨灾时，由其承担损失负责赔付。其损失分担分为三层：德克萨斯州风暴保险协会承担底层损失，比较高层的损失由购买的再保险承担，超过再保险的部分或者通过发行债券，或者由纳税人承担。

（4）挪威自然灾害共保组织模式

自然灾害共保组织为核心管理机构，由各保险公司组建而成，负责会员公司之间的收付分摊，厘定保险费率，进行再保险投保，督导理赔作业等。其应对策略是通过成立行业性的共保组织和国家自然灾害赔付基金，采取强制性保险方式，借助国际再保险市场，使自然灾害风险得到有效分散，为民众提供满意的自然灾害风险保障。所采用的金融产品为保险和再保险，民众向保险公司购买保险，共保组织在国际市场上购买再保险。资金来源则是由国家出资建立的自然灾害赔付基金，共保组织的资金来源于保费收入、投资收益和再保险赔付。

在运作方式上，由保险公司销售保单、收取保费并进行理赔，保单中明确列出保费明细。损失发生后，保险公司为自己的保保持有人进行赔付，然后把他们的损失报告给共保组织。共保组织根据保险公司各自所占市场份额，向保险公司提供相应的赔付。其损失分担主要分为三个层次：共保组织承担第一层次的损失赔付，再保险承担较高风险的第二层次的损失赔付，巨灾基金承担发生巨灾后的第三层次的损失赔付。

1.1.2.4 特点总结

以上四种市场主导型巨灾风险应对模式的特点如表1-2所示：

表1-2 市场主导型的四种巨灾风险应对模式特点一览表

项目	英国洪灾模式	美国加州震灾模式	美国德州风灾模式	挪威共保模式
单项/综合	洪水单项	地震单项	飓风和冰雹	综合风险
强制/自愿	自愿	自愿	自愿	强制

表1-2(续)

项目	英国洪灾模式	美国加州震灾模式	美国德州风灾模式	挪威共保模式
差别费率	有	有	有	无
免赔额	依保单而定	有	有	有
赔付限额	依保单而定	有	有	有
兜底	无	无	无	无
运行效果	投保率高、费率较低、运作高效	运行良好、费率偏高、投保率低	运作良好、投保率高、减灾有效	运作高效、业界和客户满意

以上四种市场主导型的巨灾风险应对模式各有异同，英国模式只针对洪水风险，民众自愿，保险公司实行差别费率，免赔额和赔付限额依据客户和保险公司所签保单而定，完全由市场运作，政府不提供任何兜底。美国加州震灾模式只针对地震风险，民众自愿购买，根据地区和房屋建筑实行差别费率，有15%的免赔额，有赔付限额，无政府兜底担保。美国德克萨斯州风灾模式针对飓风和冰雹风险，民众自愿，根据房屋建筑实行差别费率，有免赔额和赔付限额，无政府兜底。挪威模式针对自然灾害综合风险，所有购买火灾保险的投保人必须同时购买自然灾害保险，统一费率，并设有免赔额和赔付限额，政府不提供兜底保证。

从运行效果看，英国模式政府和市场的界限清晰，配合良好，市场化程度高，保险费率较低，民众投保率高，达到了80%左右，运作高效。美国加州震灾模式整体运行良好，但由于地震风险和再保险成本高，费率偏高，其最大问题为投保率不足，仅在10%左右。美国德克萨斯州风灾模式通过建筑规范的有效实施，对防灾减灾措施到位的房屋建筑给予保费折扣，防灾减灾激励充分，取得良好成效，投保率较高，且不断增长。挪威模式运作高效，自然灾害损失的60%以上由保险赔付，保险业和客户对自然灾害共保组织这种制度安排较为满意。

1.1.2.5　市场主导的优势

（1）赔付程度。市场一般采用契约性赔付，赔付程度较为确定，而政府赔付是一种非契约性赔付，受制于财政能力，具有很大的不确定性。

（2）赔付速度。市场赔付按照契约约定的责任条款和程序进行赔付，因此赔付速度较为迅速，而政府赔付受到行政程序和职能部门效率的影响，往往较为迟缓。

（3）赔付质量。市场供给使私人部门在逐利动机驱使下设法提高质量，降低成本，丰富产品种类，不断提高巨灾服务专业水平，让人们享受到更高服务质量的巨灾保障。而政府供给往往因缺乏内生动力，专业服务不足，赔付质量得不到提高。

（4）渗透性。市场对巨灾保障服务的渗透更加广泛，可以为不同类别风险、不同层次需求提供巨灾保障服务，渗透率高，而政府供给在满足民众不同层次需求方面存在局限，渗透往往不足。

（5）生产效率。通过市场可以更准确、更及时了解到巨灾保障产品和服务的现状和变化，参与主体可以迅速作出反应，开发出满足市场需求的巨灾保障产品和服务。而由政府供给则会出现信息效率低下，内生动力不足，导致巨灾保障产品和服务的生产效率不高。

（6）交易效率。市场供给通过价格信号及时反映风险状况，有利于人们作出理性决策，在合理价格基础上达成交易，提高了交易效率。而政府供给往往采取平均分配原则，不能充分满足各个主体的内在需求，因此交易效率不高。

（7）赔付资金使用效率。市场化赔付的资金有明确的用途，在成本约束条件下，资金使用效率较高。而财政赔付是无偿的，缺乏成本约束，容易造成较大的浪费。

（8）激励作用。市场主导巨灾保障供给可以通过差别费率反映风险差异，鼓励人们的防灾减灾努力。而政府主导巨灾保障供给可能使受灾者产生依赖心理，减少巨灾保险的购买和防灾减灾努力，造成"慈善危害"和负向激励。

1.1.2.6 市场主导的劣势

（1）不可保性。由于巨灾风险的长尾性和难预见性，不满足大数法则，因此存在不可保性的问题，市场不能提供合理定价的巨灾保障产品和服务。甚至由于定价不够合理，使保险公司的保费收入不足以弥补特定年份的巨灾损失，导致保险公司破产。

（2）公平性。由市场主导提供巨灾风险保障，可能使得低收入群体无力购买巨灾保障产品和服务，当发生巨灾时，他们的损失最大，甚至失去基本的生活保障，可能引发社会危机。因此，市场在实现巨灾保障普惠性和公平性方面，存在较大问题。

（3）市场失灵。市场存在失灵问题，特别是对于像巨灾保障这种准公共品，具体表现为巨灾风险市场的信息不充分性和不完全竞争，巨灾保险供给有限且价格偏高，保险公司因风险模糊厌恶而承保意愿不足，消费者投保意愿不足，交易费用过高，以及逆向选择和道德风险等。由于市场失灵，不能以合理价格提供足够的巨灾保障产品和服务，社会的巨灾保障需求无法得到有效满足。

（4）供给的稳定性。当发生巨灾后，保险人面临巨大赔付，其资本遭受负面冲击而急剧减少，承保供给萎缩，承保价格和利润率上升，带来承保价格和承保能力的明显波动，难以可持续地提供巨灾风险保障。而巨灾保障属于准公共品，其供给是要稳定地改善社会整体福利，供给的波动性会降低巨灾保障的效率，与建立初衷不符。

（5）风险分散。无论是保险市场，还是资本市场，在风险分散特别是时间维度的风险分散上存在较大局限，应对巨灾风险的准备金成本太高，面对难以预见的巨灾时存在很大的时间风险敞口。

1.1.3 政府与市场结合型

政府与市场结合型即政府和市场互相协作，共同应对巨灾风险，提供巨灾风险保障，以日本模式、法国模式、台湾模式、美国佛罗里达州风灾模式、土耳其模式、加勒比巨灾模式为主要代表。

1.1.3.1 理论依据

（1）可保性与可负担性。卓志、丁元昊（2011）通过研究认为：在纯市场框架内，巨灾风险不可保且难于负担；在政府与资本市场参与下的巨灾风险管理框架内，巨灾风险才能成为可保风险。要使巨灾风险可保且可负担，需要政府与市场两相结合才行。

（2）市场增进论。Lewis 和 Murdock（1999）提出：私人保险市场虽然能够实现损失赔付和鼓励减灾的双重目的，但由于其自身局限使其只能部分解决巨灾损失赔付问题，而政府调动资源的能力使其能够实现灾后社会财富再分配的目的，但会产生道德风险，并制约私人保险市场的发展。因此，市场增进论主张政府的干预应致力于弥补市场自身的不足，从而更好地发挥私人保险市场的基础作用。该理论同时强调，主张政府干预巨灾保险市场的目的是进一步增强私人保险市场的发展效率，但不应当挤出和替代私人保险市场。Swiss Re（2008）、Cummins（2009）对市场增进论进行了进一步的阐述，他们认为政府应当积极发展和完善基础设施和服务，并鼓励和支持私人保险公司承保巨灾风险，同时通过多种途径增进人们的巨灾风险防范意识，从供给和需求两方面促进巨灾风险市场的发展。

（3）准公共品供给理论。卓志、王化楠（2012）提出，由于巨灾风险管理既不属于私人物品，也不属于公共物品，而是属于准公共物品，因此无论由市场或政府单方面供给，都存在较多局限，从而无法实现巨灾风险管理的有效供给。

只有两者优势互补，才有助于实现巨灾风险管理可持续和有效率的供给。

（4）政府与市场整合论。高海霞、姜惠平（2011）从巨灾风险的属性、金融功能观和市场失灵三个方面阐述政府和市场双方结合对风险进行赔付的必要性，指出市场或政府财政任一赔付机制都不能单独承担巨灾损失的赔付，因此，必须对市场和政府进行整合，才能有效应对巨灾风险。王化楠（2013）则提出政府、市场和公益组织三方面在结构和职能上进行整合，才是应对巨灾风险的有效手段。

1.1.3.2 现实依据

美国佛罗里达州采用政府和市场两者结合的方式，政府成立佛罗里达飓风巨灾基金为私人保险公司提供飓风风险再保险，私人保险公司为民众提供飓风风险保险。佛罗里达飓风巨灾基金具有税收豁免的特权，其再保险费率较低，并最终降低保费费率，使民众受益，且其可以发行收入债券弥补赔付能力的不足。该飓风风险应对模式有效分散了飓风风险，解决了保险市场飓风巨灾风险供给不足的问题，保证了飓风保险市场的稳定性，减少了社会经济的波动。

单独由市场提供巨灾风险保障，存在供给波动性问题，不能保证可持续发展。自1980年以来，国际财产保险业所出现的三次偿付能力危机中有两次是由巨灾损失造成的，导致供给能力的急剧萎缩。美国洪水和地震保险都曾因初期仅依靠市场，而造成供给的暂时中断。

单独由政府提供巨灾风险保障，效率低下和浪费严重也是有目共睹。如美国政府在应对2005年的卡特里娜飓风中反应迟缓，官僚作风明显，受到广泛的批评。我国历次巨灾应对过程中出现的挤占挪用救灾物资、营私舞弊等现象，也佐证了政府独立应对巨灾风险存在的严重问题。

因此，无论从理论依据，还是从现实依据来看，政府和市场两相结合，才是应对巨灾风险的最佳模式。许多国家在总结他国成功经验和失败教训的基础上，选择了政府与市场结合型的巨灾风险应对模式。

1.1.3.3 实践案例①

（1）日本地震基金模式

日本地震基金模式以日本地震再保险株式会社为核心管理机构，由日本各商业保险公司出资成立，负责与保险公司和政府签订再保险合同，安排分散巨灾风险，以及管理地震保险基金。其应对策略是通过政府、地震再保险株式会社和商

---

① 王和，何华，吴成丕，等. 巨灾风险分担机制研究 [M]. 北京：中国金融出版社，2013；王和，何华，吴成丕，等. 国际巨灾保险制度比较研究 [M]. 北京：中国金融出版社，2013.

业保险公司进行风险分担，区别对待家庭和企业地震财产保险，设计差别费率鼓励民众采取防灾减灾措施，构建一套可负担的地震风险保障体系。主要使用金融产品为保险、再保险和再再保险，民众向保险公司购买地震保险，保险公司向地震再保险株式会社办理全额再保险，地震再保险株式会社向政府和保险公司办理再再保险。主要资金来源为保费、基金投资收益和国家财政救助。

在运作方式上，民众向保险公司购买地震保险，保险公司与地震再保险株式会社签订再保险合同，将保险公司承保的地震保险合同全额向地震再保险株式会社办理再保险。地震再保险株式会社在扣除自留额后，分别与保险公司和政府签订转再保险合同，将风险分散给保险公司和政府，其中保险公司依照各自的危险准备金余额分配转再保险比例，政府承担超额损失保险。当发生地震灾害时，按照事先确定的损失层级和责任比例，由地震再保险株式会社、保险公司和政府分别承担相应损失赔付。

其损失分担按照三级损失进行责任分担：

第一级损失，0~750亿日元，由地震再保险株式会社100%承担。

第二级损失，750亿~13 118亿日元，由地震再保险株式会社和原保险公司承担50%，政府承担50%。

第三级损失，13 118亿~50 000亿日元，由地震再保险株式会社和原保险公司承担5%，政府承担95%。

(2) 法国中央再保模式

法国中央再保模式以法国中央再保险公司为核心管理机构，负责设计自然灾害保险方案，执行自然灾害业务核保、费率厘定及再保险合约管理事宜，并担任政府与保险业之间的桥梁，研讨赔付机制相关的修正或调整事宜。其应对策略是通过建立由国家无限担保的自然灾害再保险体系，采取强制投保提高保险覆盖率，执行"阶梯式免赔额"规定鼓励各项防灾减灾措施，为民众提供稳定的自然灾害保障。

所使用金融产品为保险和再保险，民众向保险公司购买自然灾害保险，保险公司向中央再保险公司或其他商业再保险公司购买再保险。主要资金来源为保费收入、再保险赔付和财政救助。

在运作方式上，各商业保险公司向民众销售综合自然灾害附加保险，然后以比例再保险或停止损失再保险方式向中央再保险公司购买再保险。当发生自然灾害时，由政府跨部门政令对自然灾害进行确认，各销售综合自然灾害保险的保险公司接到政令后，按理赔程序进行理赔。

损失分担共分三层分担赔付损失：保险公司承担自留份额的损失赔付，中央再保险公司或其他再保险公司承担分保份额的损失赔付，国家财政对超过中央再保险公司承担能力的部分提供财政支持。

（3）中国台湾地震保险基金模式

中国台湾地震保险基金模式以住宅地震保险基金为核心管理机构，定为财团法人，负责与财险公司协调承保和理赔事项，安排风险分散，管理巨灾保险业务和承担最终风险等。其应对策略是通过商业运作、政府支持，住宅和商业用房区别对待，充分利用再保险和资本市场分散风险，财政有限兜底，为民众提供基本的地震风险保障。所使用的金融产品包括保险、再保险和巨灾债券，民众向保险公司购买地震保险，保险公司全额分保给住宅地震保险基金，后者向保险公司组成的共保组织、再保险市场购买再保险，并发行巨灾债券募集资金。主要资金来源包括保费收入、再保险赔付、投资收益、巨灾债券赔付收入和财政救助。

在运作方式上，由保险公司销售和签发保单，将保费收入全额分保给住宅地震保险基金，住宅地震保险基金向由保险公司组成的共保组织和再保险市场购买再保险，并在资本市场发行巨灾债券分散风险。一旦发生地震灾害，由住宅地震保险理赔中心小组和签单保险公司勘定损失和负责赔付。

其损失分担共分五层：

第一层，损失 24 亿元新台币以内，由住宅地震保险共保组织承担。

第二层，损失 24 亿~200 亿元新台币，由住宅地震保险基金承担。

第三层，损失 200 亿~400 亿元新台币，由再保险市场或资本市场承担。

第四层，损失 400 亿~480 亿元新台币，由住宅地震保险基金承担。

第五层，损失 480 亿~600 亿元新台币，由台湾当局财政承担。

（4）美国佛罗里达州风灾模式

美国佛罗里达州风灾模式以佛罗里达飓风巨灾基金为核心管理机构，负责为商业保险公司提供再保险，发行收入债券筹集赔付资金，以及利用所筹资金进行运营和管理等。其应对策略是通过政府设立飓风巨灾基金为商业保险公司提供再保险，对飓风巨灾基金实行税收豁免以降低保费费率，并借助资本市场发行收入债券分散风险，为民众提供可持续的飓风风险保障。所使用金融产品包括保险、再保险、收入债券，民众向商业保险公司购买飓风灾害保险，商业保险公司向飓风巨灾基金购买再保险，飓风巨灾基金发行收入债券募集资金。该模式的主要资金来源为保费收入、投资收益和发行收入债券所募资金。

在运作方式上，佛罗里达飓风巨灾基金是政府成立的信托基金，保险公司向民众销售飓风风险保险，然后自留一定比例风险，超出自留部分风险按比例合约分保给飓风巨灾基金，即飓风巨灾基金为保险公司提供一定比例的再保险。当发生飓风灾害时，自留部分风险由保险公司负责赔付，超出自留部分时，飓风巨灾基金按比例提供赔付。而当损失超过飓风巨灾基金偿付能力时，启动紧急评估程序，发行基于保费收入的债券来募集资金。

损失分担为三层：第一层为保险公司承担自留部分的赔付，第二层为飓风巨灾基金和保险公司按比例承担超出自留部分的赔付，第三层为飓风巨灾基金发行收入债券承担超出其偿付能力的赔付。

（5）土耳其巨灾保险基金模式

土耳其巨灾保险基金模式以土耳其巨灾保险基金为核心管理机构，负责地震保险的专业运营，具体包括外包保单销售业务给商业保险公司，外包基金运营和管理业务，在国际市场进行再保险，灾害理赔等。其应对策略是通过政府、市场、世界银行的多方合作，建立集中式巨灾基金，采取强制方式，实行税收优惠，充分发挥市场专业机构的力量，并借助国际再保险市场有效分散风险，为民众提供可持续的巨灾风险保障。所使用的金融产品包括保险、再保险，居民向土耳其巨灾保险基金购买保险，巨灾保险基金在国际市场上购买再保险。该模式的主要资金来源为保费收入、投资收益、再保险赔付、世界银行的赔付和政府财政支持。

在运作方式上，土耳其巨灾保险基金签发地震保险保单，由商业保险公司代理销售，商业保险公司向巨灾保险基金划转保费并收取佣金。巨灾保险基金委托专业机构负责基金的运营、投资和管理，在国际市场上办理再保险。当发生地震灾害时，巨灾保险基金组织损失评估和进行理赔。

其损失分担共分四层：

第一层，首层损失 1 700 万美元以内，由世界银行承担。

第二层，超赔损失在 10 亿美元以内，世界银行和再保险公司按 4∶6 的比例分担责任，世界银行的责任上限为 1.63 亿美元。

第三层，超过 10 亿美元，土耳其巨灾保险基金用盈余资金承担 1.2 亿美元赔付责任。

第四层，如果最终赔付超出了土耳其巨灾保险基金所能动用的所有金融资源，超出部分由政府承担。

（6）加勒比巨灾模式[①]

加勒比巨灾风险保险基金为核心管理机构，负责为加勒比地区的岛屿国家

---

① 谢世清. 加勒比巨灾风险保险基金的运作及其借鉴 [J]. 财经科学, 2010 (1)：32-39.

办理巨灾风险保险，在国际资本市场购买再保险和采用非传统风险转移工具分散风险，对受灾国家开展理赔等。其应对策略是通过建立区域性的共保体，设立联合储备基金，使用参数指数触发机制以提高赔付透明度和效率，并借助国际资本市场的再保险和非传统风险转移工具分散风险，为加勒比地区的岛屿国家提供有限的巨灾风险保障。所使用的金融产品包括保险、再保险、风险互换协议，加勒比地区的岛国向加勒比巨灾风险保险基金购买巨灾保险，加勒比巨灾风险保险基金在国际市场购买再保险，并与世界银行签订风险互换协议。资金来源主要包括保费收入、国际捐赠、投资收益、再保险赔付和风险互换赔付。

在运作方式上，加勒比巨灾风险保险基金的资金来源于参与国所缴纳的保费和国际捐赠两部分，实行分权管理。参与国保费的运作由董事会监控，作为储备金的一部分。国际捐赠形成一个多方捐赠信托基金，一是支持加勒比巨灾风险保险基金的日常运营支出，二是形成部分补充储备金。信托基金和储备金之间既互相关联，又互相独立。加勒比巨灾风险保险基金在国际再保险市场上购买再保险，同世界银行签订风险互换协议，以提高其赔付能力。一旦发生自然灾害，加勒比巨灾风险保险基金依据参数指数触发机制，在较短时间内向投保的各岛屿国家提供相应赔付。

其损失分担共分四层：

第一层：1 000 万美元以下损失，由加勒比巨灾风险保险基金承担。

第二层：1 000 万~2 500 万美元之间的损失，由国际再保险市场承担。

第三层：2 500 万~5 000 万美元之间的损失，由国际再保险市场承担。

第四层：5 000 万~12 000 万美元之间的损失，由再保险市场承担 71%，世界银行的掉期产品承担 29%。

1.1.3.4 特点总结

以上六种政府与市场结合型巨灾应对模式的特点总结如表 1-3 所示：

表 1-3 政府与市场结合型的六种巨灾风险应对模式特点一览表

项目	日本地震基金模式	法国中央再保模式	中国台湾地震基金模式	美国佛罗里达州风灾模式	土耳其保险基金模式	加勒比巨灾保险基金模式
单项/综合	地震单项	综合风险	地震单项	飓风单项	地震单项	飓风、地震风险
强制/自愿	自愿	强制	强制	自愿	强制	自愿
差别费率	有	无	有	有	有	有

表1-3(续)

项目	日本地震基金模式	法国中央再保模式	中国台湾地震基金模式	美国佛罗里达州风灾模式	土耳其保险基金模式	加勒比巨灾保险基金模式
免赔额	有	有	有	有	有	有
赔付限额	有	无	有	有	有	有
兜底	有	有	有	无	有	无
运行效果	运作较好、投保率一般、减灾有效	运行良好、投保率高	运作良好、投保率较高	运作良好、保费较低、投保率较高	运行稳定、保障有效、投保率高	保费低廉、运作良好

以上六种政府与市场结合模式各有异同，日本模式针对地震风险，民众自愿购买地震保险，实行差别费率，有免赔额和赔付限额，政府提供兜底保证。法国模式针对自然灾害综合风险，购买财产险的投保人被强制购买自然灾害附加险，实行单一费率，有免赔额，无赔付限额，政府提供无限担保兜底。台湾模式只针对地震风险，购买家庭财产险一年期火险强制购买地震险，实行差别费率，有免赔额和赔付限额，政府提供有限兜底。美国佛罗里达州风灾模式只针对飓风风险，民众自愿购买，实行差别费率，有免赔额和赔付限额，无政府兜底保证。土耳其模式仅针对地震风险，登记的城市住宅强制投保地震险，实行差别费率，有免赔额和赔付限额，政府提供兜底。加勒比巨灾模式针对飓风和地震风险，加勒比地区国家自愿购买，实行差别费率，有免赔额和赔付限额，无兜底机制。

从运行效果来看，六种模式均运行较好，其中日本模式因采取自愿购买政策，加之费率区域划分较粗，平均投保率一般，仅在20%左右，地震抵御能力级别评估引入地震保险费率的厘定，能有效激励民众的减灾防灾努力。法国由于采取强制购买政策，投保率高，但其单一费率无法有效激励民众的减灾努力。台湾模式采取强制购买政策，投保率较高，且因其高免赔额和赔付上限使其短期内积累了大量资金。美国佛州风灾模式因采取税收优惠，保费较低，投保率较高，并充分发挥了政府和市场各自的优势。土耳其模式采取强制购买政策，投保率高，风险分担多元化，整个体系运行稳定，保障有效。加勒比巨灾模式保费低廉，风险分担多元化，自2007年6月成立以来运行良好。

1.1.3.5 政府与市场结合的优势

第一，提升可保性和可负担性。政府和市场两者结合，可以使本来不可保的巨灾风险成为可保风险，这源于政府往往拥有强大的法律、税收、财政和行政等资源，加上保险市场、资本市场的多元化风险分散手段，大大提高了损失承担能力。而且，两者结合还可以大大提高民众对巨灾风险管理产品和服务的负担能力，例如，政府可以对购买巨灾保险的民众提供补贴，或者对经营巨灾风险的公司实行税收优惠，从而降低保费等。

第二，提升供给能力。首先，政府和市场相互协作，可以使原来无法供给的巨灾风险管理成为可以供给的准公共品；其次，还可以大大提高赔付能力，覆盖更广区域和更多民众，增加对受灾主体的赔付程度；再次，供给种类能够更加丰富，质量获得提高；最后，两者配合能使供给更平稳，更可持续，减少供给的波动性。

第三，兼顾公平和效率。政府从公平角度出发，使低收入群体也可以获得最基本的巨灾风险保障，从而维护社会的稳定。市场则可以通过价格机制和成本约束，使巨灾风险管理的供给更富有效率。政府和市场两者结合，则可以兼顾公平和效率。

第四，降低成本。政府在提供灾害防护工程设施，建立全国统一的巨灾风险分析、评估、预警和应对体系，对国民开展巨灾风险宣传和教育等方面，具有规模优势。而市场则能在救灾赔付方面减少浪费，提高救灾资金使用效率。两者配合能使巨灾风险管理的成本大大降低。

第五，风险分散更有效。政府和市场两者结合能使巨灾风险在空间上和时间上得到有效的分散，而且由于风险分散的手段多样化，能降低风险分散的成本，从而减少因巨灾导致机构财务恶化，甚至破产的事件，有利于保持巨灾风险市场的稳定。

第六，提供正向激励。市场通过价格机制和成本约束，能够采取差别费率、免赔额、共同保险、除外责任等手段，而政府则可以制定巨灾保险费率与建筑物类型和质量、防灾减灾措施实施情况等挂钩的政策，两者结合能有效降低道德风险和逆向选择，向民众提供防灾减灾的正向激励。

1.1.3.6 政府与市场结合的劣势

政府与市场结合的劣势在于两者边界难以合理确定，政府参与过多或市场参与过多，都会带来成本的上升，效率的降低，以致社会效用的损失。从采取政府与市场结合应对模式的国家来看，都存在一定的界限不明或不当的情况。例如，日本采取自愿投保模式，更多让市场发挥作用，但其投保率一直不高。法国政府过多参与，采用单一费率，无法激励民众的防灾减灾努力。台湾则缺乏减灾机制，民众减灾动力不足。所以，政府与市场结合的巨灾风险应对模式的关键是合理确定两者的边界，明晰各自的权利和义务，减少交叉和空白，建立两者协调联动的机制，以充分发挥各自优势，提高巨灾保障水平。

从世界各国和地区来看，越来越多的国家和地区认识到政府和市场结合的重要性，因此，政府与市场结合型的巨灾风险应对模式也越来越为更多国家所采用，并成为主流模式。对于中国这样巨灾频发的国家来说，采取政府与市场结合型的巨灾风险应对模式是更理性和明智的选择。

1.2　巨灾风险分担机制分析

巨灾风险分担机制是指巨灾风险在承灾主体、政府、保险公司、再保险公司和资本市场投资者等主体之间合理分担，各自承担相应部分的风险。科学合理的巨灾风险分担机制能有效分散巨灾风险，减少巨灾损失，维持经济和社会稳定，提高全社会的效用水平。反之，则可能缺乏效率，无法应对巨灾冲击，造成重大的经济损失，甚至波及社会稳定。

1.2.1　分担主体及其角色定位

巨灾风险分担主体总的说来分为两类，即政府和市场，前者包括中央政府及各级地方政府，后者包括承灾主体、保险公司、再保险公司、资本市场投资者和公益组织等。对于分担主体的角色定位，学术界有较多研究，具体如下：

Lewis 和 Murdock（1999）提出的"市场增进论"认为：应由巨灾风险市场发挥主导和基础作用，政府应定位于弥补市场自身的不足和增进巨灾风险市场的发展效率。

郭建平（2011）提出，巨灾风险可以划分为可预知风险和不可预知风险，前者能通过现有的数理统计理论和技术有效研究并清楚认识，后者无法通过现有统计理论和技术有效研究并清楚认识。市场应定位于为可预知风险提供保障，政府应定位于为不可预知风险提供保障。

高海霞、姜惠平（2011）把巨灾风险分为私人风险和社会风险，前者指巨灾发生给个人带来经济损失和人身伤害的可能性，能由个人控制的部分，后者指个人无法控制的巨灾风险部分，包括环境的、心理的、道德的等。市场应定位于提供私人风险所需的保障，而政府应定位于提供社会风险所需的保障。

王化楠（2013）提出，政府应定位于巨灾风险管理的顶层设计，包括建设法律法规体系、制定巨灾防护规划、构建巨灾管理框架，提供巨灾管理信息服务等方面，而让市场发挥基础性作用，特别应当注重发挥公益组织的防灾、救灾和减灾功能。

田玲（2009）指出，巨灾债券对高层次的巨灾风险承担具有优势，而保险、再保险对于非高层次的巨灾风险承担具有优势，因此保险市场应定位于为非高层次的巨灾风险提供保障，资本市场则可以定位于为高层次的巨灾风险提供保障。

高俊、陈秉正（2014）基于巨灾储备基金、巨灾保险和巨灾债券的边际成本的对比分析指出，对我国来说，巨灾储备基金定位于为相对较小的巨灾损失融资是最恰当的，巨灾债券定位于对超过的部分来融资是最优选择，而巨灾保险则需要通过其他手段来降低其成本附加和安全附加，才有可能成为最优融资结构的一部分。

关于保险市场因信息不完全、不对称导致逆向选择和道德风险的研究文献不胜枚举，从理论上证明了承灾主体自留一定风险的必要性。因此，在巨灾风险管理过程中，为减少逆向选择和降低道德风险，激励承灾主体的防灾、减灾努力，应当由承灾主体自身承担部分风险和损失。

实际上，各分担主体在巨灾应对中的角色定位受到一国政治体制、法规制度、经济水平、风险特征、金融发展和民众意识等诸多因素的影响，因此没有一套普遍适合世界各国的分担机制。比如，英国保险市场发达，通过市场手段分担就更多一些。新西兰国家较小，由政府来主导分担才能保证足够的偿付能力。法国拥有政府主导的金融体制，由法国中央再保险公司为核心来构建巨灾风险分担体系就不足为怪了。对于我国来说，由于巨灾风险种类多，频次高，分布广，加之巨灾保险市场和资本市场极不成熟，因此应发挥政府主导作用，建立由承灾主体、保险和再保险市场、资本市场、公益组织和政府兜底的多层次巨灾风险分担机制。

1.2.2 分担方式

1.2.2.1 公共财政

由公共财政从预算中拿出资金用于防灾、减灾、救灾和灾后重建，该方式在救灾应急时较为迅速，但存在较大的机会成本和整体效率低下的问题。

1.2.2.2 社会救助

由社会捐赠（含国内、国际援助）来应对巨灾，往往由公益团体发起和组织，该方式大多属于事后，可以解一时之急，减轻政府负担，但能力有限，受民众捐赠意愿影响较大。

1.2.2.3 保险

通过保险、再保险提供巨灾风险保障是目前国际上通行的做法，能够较为有效应对巨灾风险，但受到一国保险市场发展程度的影响，也面临承保能力稳定性的问题。

1.2.2.4 非传统风险转移工具

借助资本市场发行巨灾债券、巨灾期货、巨灾期权、巨灾互换、或有资本票据、巨灾权益看跌期权、行业损失担保、侧挂车、天气衍生品等，可以对高层次的巨灾风险提供保障，但受一国资本市场发展程度制约，同时也存在交易成本高、流动性不足、基差风险等诸多问题。

1.2.2.5 巨灾基金

由国家牵头成立巨灾基金，能够在时间上有效分散风险，保证巨灾发生时有足够财力可用于减灾、救灾和灾后重建，但资金来源如果仅由财政划拨，过于单一，则难以保证足够的偿付能力和可持续运转，还存在政府行政效率低下的问题。如果充分引入社会资金和市场化机制，不仅可以扩大基金规模，增强偿付能力，还有利于解决效率低下的问题，提高基金运作的效益。

1.2.3 分担技术

1.2.3.1 纵向分层

将巨灾风险划分为不同层次，由不同的主体分别承担相应层次的风险，发挥不同主体承担不同层次风险的相对优势，比如由承灾主体承担最低一层损失，保险承担一般规模巨灾的损失，更高一级的损失由再保险承担，对超大规模的损失，可以由资本市场承担，或由政府分担一部分损失。

1.2.3.2 横向分层

巨灾风险在不同主体之间分担，对同一巨灾风险，可以由不同主体分担相应比例的损失，减轻单一主体的风险压力和偿付负担，从而提高风险承担能力和分担机制的稳定性。

1.2.4 分担市场

巨灾风险可以通过保险市场和资本市场来分担，保险市场一般承担频率较高、规模较小的巨灾损失，再保险市场承担频率较低、规模较大的巨灾损失，对于频率极低、损失极大的巨灾损失，则需要资本市场来分担。

巨灾风险也可以通过国内、国际两个市场分担，借助国际保险市场和资本市场，可以将一国的巨灾风险在全球范围内分散，更有利于降低一国的巨灾损失，提高巨灾应对能力。

1.2.5　分担机制的比较分析

1.2.5.1　政府损失分担机制

政府损失分担机制是指由政府开展防灾、救灾、减灾和灾后重建等工作，并承担灾害损失和管理成本的巨灾风险分担机制。该机制的突出优势包括：①规模效应。政府构建统一的巨灾防护体系，建设各种防灾减灾基础设施，动员全社会力量参与灾害救助，可以大大节约成本。②公平性。政府向民众提供巨灾风险保障不具有排他性，使低收入群体受灾后也能平等获得基本生活的保障，克服了不公平导致的社会矛盾。该机制的显著劣势在于：①效率较低。由于受到政府行政管理效率的影响，缺乏成本约束机制，容易造成救灾物品和资金的巨大浪费，导致效率低下。②慈善危害。政府的救助可能导致民众产生依赖心理，缺乏防灾、减灾的动力，也不利于减少高风险地区的巨灾风险暴露，造成所谓的"撒玛利亚人困境"。

1.2.5.2　保险损失分担机制

保险损失分担机制是指依托保险、再保险市场，被保险人、保险人和再保险人以风险利益为纽带，依据保险制度、再保险制度建立风险基金，对巨灾损失进行补偿的风险管理机制。该机制的突出优势包括：①效率较高。通过市场交易契约，可以提高损失补偿的确定性、速度和质量，因而效率更高。②正向激励。巨灾保险、再保险由市场定价，具有成本约束，加上免赔额、共同保险、除外责任等契约条款设计，对当事人提供防灾、减灾的正向激励，有利于控制风险暴露和降低损失。该机制的突出劣势在于：①公平性难以有效保证。低收入群体可能没有能力购买保险，巨灾发生时得不到补偿，可能引发人道主义危机和加剧社会矛盾。②供给不足和不稳定。由于巨灾风险一定程度不可保，保险公司和再保险公司不愿承担模糊风险，导致巨灾保险和再保险供给不足或价格偏高。而且，巨灾事件的发生可能导致保险公司、再保险公司损失惨重，承保能力严重削弱，无法保证供给的稳定和可持续性。

1.2.5.3　资本市场损失分担机制

资本市场损失分担机制是指借助资本市场，风险转移者和风险投资者以风险利益为纽带，通过风险证券化产品对巨灾损失进行补偿的风险管理机制。该机制的突出优势为：①风险承担容量巨大。由于巨灾损失只占全球资本市场很小的份额，资本市场理论上可以容纳任何巨灾风险且不会受到较大的影响，在承担高层、超高层的巨灾风险上明显占优。②无信用风险。保险和再保险可能面临对手方违约的信用风险，而巨灾风险证券化产品通过交易机制设计可以有效规避信用风险。该机制的显著劣势在于：①交易成本高。由于设计巨灾风险证券化产品技术要求高，需要依靠精确度很高的模型，定价往往非常复杂，一般投资者难以理解，且巨灾风险证券化产品的发行涉及 SPV、精算、投行等众多机构，因此交易成本比较高。②流动性不足。从当前巨灾风险证券化产品市场来看，交易活跃度较低，变现较为困难，存在较为严重的流动性问题。

1.2.6 巨灾补偿基金的损失分担机制

巨灾补偿基金本质上更像一个平台，该平台整合了政府、保险和资本市场的损失分担机制，从而兼具它们的优点，克服了各自的不足。从分担主体的角色定位来看，政府在基金中发挥规划、协调、监管和兜底的作用，保证了基金的公益性和稳定性，而具体的运营则交给市场，让市场发挥基金保值增值的作用，保证了基金的效率和可持续性。承灾主体、公益组织、再保险公司、资本市场投资者在巨灾风险分担中有各自明确的角色定位：承灾主体和公益组织承担较低层次的巨灾风险，补偿基金承担较高层次的巨灾风险，再保险公司承担高层次的巨灾风险，资本市场投资者承担超高层次的巨灾风险，政府则提供兜底担保。各分担主体清晰的角色定位，为基金协调、高效、顺畅地运行奠定了基础。

从分担方式看，巨灾补偿基金应当属于巨灾基金，但其具有特殊性，不同于单一的政府基金、保险基金等，其资金来源既有"公"的成分，又有"私"的成分，属于典型的"PPP"，即公私合作。这既保证了其资金来源的广泛性，有助于资金快速积累，又使其兼具公益性和商业性，充分利用了政府和市场各自的优势，比较适合我国的国情。

从分担技术看，巨灾补偿基金既使用了纵向分层，又使用了横向分层。如前所述，承灾主体、公益组织、补偿基金、再保险公司、资本市场投资者和政府分担不同层次的巨灾风险，属于纵向分层。承灾主体和公益组织共同分担较低层次的巨灾风险和巨灾风险在广大基金持有人之间的分担，则属于横向分层。巨灾风险的纵横分层，能有效分散风险，保证了偿付能力和体系的稳定。

从分担市场看，巨灾补偿基金既利用了保险市场，也利用了资本市场；既利用了国内市场，也利用了国际市场，所以该分担机制整合了保险市场和资本市场、国内市场和国际市场的相关资源，从而提供了更大的巨灾保障能力。

综上所述，巨灾补偿基金采用"PPP"方式，整合了政府、保险市场和资本市场、国内市场和国际市场的资源，运用风险纵横分层技术，构建出一套系统的巨灾风险分担机制。该分担机制具有高效率、低成本、合理公平、平稳持续、保障能力强的优点，克服了单一损失分担机制的诸多弱点。

1.3　巨灾保险、再保险

1.3.1　发展概况[①]

巨灾保险、再保险作为传统的转移和分散巨灾风险的工具，在巨灾风险管理中发挥着重要的作用。巨灾保险赔款在国外巨灾损失中占比达 30% 以上，而我国仅 1% 左右。过去 30 年，全球巨灾保险补偿呈较快增长速度，在较多年度内都超过 100 亿美元，在 2004 年、2005 年和 2011 年由于巨灾造成的损失超过500 亿美元。据慕尼黑再保险公司的数据，全球保险市场在 1980—2011 年间巨灾补偿合计 8 700 亿美元，平均每年约 272 亿美元。

另根据再保险经纪公司怡安奔福有限公司对全球再保险市场的统计分析，2011 年前十大再保险公司市场份额为 76%，其中最大的慕尼黑再保险占比近20%。2011 年全球再保险保费收入共计 1 360 亿美元，较 2010 年的 1 220 亿美元上升 11%，但 2011 年的日本地震和新西兰地震，使再保险业损失惨重，总量超过 260 亿美元，占全球保险损失 1 050 亿美元的 25%。

尽管巨灾保险、再保险成为国际社会应对巨灾风险的主要手段之一，但我国由于保险制度、经济水平、民众意识等众多原因，巨灾保险市场渗透率却很低，保费严重不足，补偿准备金规模过小，在巨灾损失补偿中发挥的作用极其有限。1998 年特大洪灾直接经济损失 2 484 亿元，保险补偿 33.5 亿元，约占 1.35%；2008 年年初南方雨雪冰冻灾害直接经济损失 1 516.5 亿元，保险补偿约 50 亿元，占比 3.3%；2008 年汶川大地震直接经济损失 8 451 亿元，保险补偿仅 18 亿元，占比 0.21%[②]。从以上数据中可以看出，巨灾保险、再保险在我国巨灾损失中的补偿占比太低，与国际差距较大，无法发挥对巨灾风险的主要保障作用。

1.3.2　巨灾保险、再保险的风险分析

任何一种巨灾风险金融工具都需要对信用风险、流动性风险、基差风险、

---

① 王和，何华，吴成丕，等. 巨灾风险分担机制研究 [M]. 北京：中国金融出版社，2013；王和，何华，吴成丕，等. 国际巨灾保险制度比较研究 [M]. 北京：中国金融出版社，2013.

② 潘席龙，陈东，李威. 建立我国巨灾补偿基金研究：全国巨灾风险管控与巨灾保险制度设计研讨交流会论文集 [C]. 2009.

道德风险和逆向选择风险进行权衡取舍，巨灾保险、再保险也不例外，下面对此进行分析：

（1）信用风险。当发生巨灾时，保险公司和再保险公司都面临巨大损失，可能无法补偿应当承担的损失，因而存在较高的信用风险。这从历史上几次巨灾导致数家保险公司、再保险公司的破产得到印证，因此信用风险是通过保险、再保险转移和分散巨灾风险的重要局限。

（2）流动性风险。保险、再保险通常属于定制化金融产品，针对特定客户而设计，缺乏标准化，因此难以在市场中流通和转让，流动性严重不足，存在较大的流动性风险。

（3）基差风险。保险和再保险根据巨灾发生后的实际损失进行理赔，因此基本不存在基差风险，能够有效降低行业或指数损失与实际损失不一致所带来的风险。

（4）道德风险。保险人无法有效监督投保人的行为，投保人有可能不采取防灾减灾的措施，甚至故意扩大损失以获得保险补偿。保险公司也可能存在核保不严格、核保信息错误、理赔标准不统一等问题，以换取再保险公司更高的再保险补偿。因此，保险和再保险都存在较高的道德风险。

（5）逆向选择风险。高风险的人比低风险的人更愿意购买保险，但过多的高风险人群购买巨灾保险，则会对保险公司的偿付能力带来严重影响，保险公司也会因此提高巨灾保险的保费，减少供给。当保险公司拥有对投保人关于巨灾风险的信息优势时，其只接受低风险投保人，而拒绝高风险投保人。因此，保险人和投保人双方都可能存在逆向选择问题，从而导致保险、再保险较高的逆向选择风险。

1.4 巨灾联系证券

1.4.1 发展概况[①]

20世纪90年代以来，全球由于巨灾频发，给人们带来惨重损失，保险业因此补偿巨大，巨灾保险市场供给不足，保费价格快速上升，人们难以转移巨灾风险且成本高昂，开始认识到通过证券化分散、转移巨灾风险的重要性。现代金融理论的发展，为包括巨灾风险在内的风险管理提供了理论基础和工具，

---

① 谢世清. 巨灾保险连接证券［M］. 北京：经济科学出版社，2011.

而金融监管的放宽，则为巨灾风险证券化提供了良好的政策环境。随着计算机和通讯技术的进步，巨灾风险的分析、评估、建模等技术得到长足发展，为更准确进行巨灾风险定价提供了技术支持。因此，伴随着人们意识的提升、风险管理理论的发展、政策环境的改善、技术水平的提高，巨灾联系证券应运而生，并成为人们管理巨灾风险的重要手段和工具。

巨灾联系证券自 1992 年诞生以来，随着市场的变化和技术的进步，种类不断丰富，先后出现巨灾期货、巨灾期权、巨灾债券、巨灾互换、或有资本票据、巨灾权益看跌期权、行业损失担保、侧挂车、天气衍生品、CME 飓风指数期货和期权等。其中巨灾期货、巨灾期权、巨灾互换、行业损失担保、侧挂车、天气衍生品、CME 飓风指数期货和期权属于资产避险型巨灾联系证券，能够在巨灾发生后为财产损失提供补偿；巨灾债券和或有资本票据为负债避险型巨灾联系证券，能够通过增加负债总额来扩大资金来源；巨灾权益看跌期权属于权益避险型巨灾联系证券，能够以权益形式在巨灾发生后提供弥补损失的资金。以下对上述巨灾联系证券的产生和发展进行简要介绍：

（1）巨灾期货

巨灾期货是最早的巨灾联系证券，于 1992 年 12 月由美国芝加哥期货交易所推出，是基于投保损失率 ISO 指数的巨灾期货，该期货由于交易量太小在 1995 年退出交易。直到 2007 年，美国芝加哥商品交易所才推出基于 CME 飓风指数的巨灾期货，目前运行尚好。

（2）巨灾期权

美国芝加哥期货交易所 1993 年推出基于 ISO 巨灾指数的巨灾期货买权价差，同样由于交易不活跃，于 1996 年退出市场。其后美国芝加哥期货交易所又推出 PCS 巨灾期权，由于交易量逐年下滑于 1999 年终止交易。百慕大商品交易所 1997 年推出 GCCI 巨灾期权也未能持续运营，于 1999 年退出市场。芝加哥商品交易所 2007 年推出的 CME 飓风指数期权则相对成功，并于 2008 年推出新的二元期权，是目前唯一挂牌的巨灾期权合约。

（3）巨灾债券

1994 年汉诺威再保险公司成功推出第一笔巨灾债券交易，而 1997 年美国 USAA 保险公司发行了最具代表性的巨灾债券，其后巨灾债券获得长足发展，并在 2005 年卡特里娜飓风后取得突破。2007 年为巨灾债券发行的最高峰，达到 71 亿美元，当年巨灾债券未到期余额 138 亿美元。截至 2007 年，世界保险业共发行 116 只巨灾债券，融资总额达 223 亿美元。巨灾债券是目前最为成功的巨灾联系证券。

（4）巨灾互换

1996 年，汉诺威再保险公司推出首笔巨灾互换交易，同年，美国纽约巨灾风险交易所成立，开展巨灾风险互换交易业务，全球最大的 82 家再保险公司和 1 000 家保险公司均通过该平台交易。1998 年，百慕大商品交易所也成立巨灾风险交易市场。巨灾互换业务在 2005 年卡特里娜飓风后交易量迅速上升，成为转移和分散巨灾风险的重要工具。

（5）或有资本票据

1994 年，汉诺威再保险公司以花旗银行为中介，首次发行 8 500 万美元或有资本票据。全美互惠保险公司 1995 年发行的或有资本票据是第一个真正得以执行的或有资本票据。自 20 世纪 90 年代中期以来，全球保险公司共发行约 80 亿美元或有资本票据。

（6）巨灾权益看跌期权

1996 年，美国 RLI 保险公司和 Genter 再保险公司、Aon 再保险公司签订一份价值 5 000 万美元的巨灾权益看跌期权合约，迄今约有十次巨灾权益看跌期权交易记录。巨灾权益看跌期权自 2002 年后市场发展曾一度萎缩，交易量不大。

（7）行业损失担保

20 世纪 80 年代，行业损失担保诞生于再保险市场，首先被应用于航空业保险领域。随后，财产和人身意外伤害保险业也引入行业损失担保应对自然灾害，后来又拓展到巨灾财产、海事、卫星和恐怖主义等可能发生巨额损失的领域，目前主要用于巨灾财产损失。2005 年的卡特里娜飓风对其起到巨大的催化作用，当年交易量增长 35%，实际补偿金额达 10 亿美元，目前平均每年交易量在 50 亿~100 亿美元之间。

（8）侧挂车

1999 年，State Farm 和 Renaissance 再保险公司联合发起设立 Top Layer 再保险公司，为侧挂车的首次实践，此后陆续出现了一些小型侧挂车。在 2005 年数次大规模飓风后，侧挂车数量迅速增长，2005 年市场规模达到 22 亿美元，2006 年达到 42 亿美元，2007 年年底开始萎缩，2009 年市场出现停滞状态。

（9）天气衍生品

1997 年，安然公司与科赫公司以美国威斯康星州东南部港口城市密尔沃基 1997—1998 年冬季气温为参考，达成一项基于气温指数的交易，标志着天气衍生品市场的诞生。随后，欧洲 1998 年引入天气衍生品，日本 1999 年引入天气衍生品。1999年，天气衍生品在芝加哥商品交易所正式挂牌交易，CME首先推出4个美国城市的天气期货和期货期权交易。2001年，伦敦国际金融期货交易所推出伦敦、巴黎和柏林三个城市的每日气温汇编指数合约，通过其电子平台交易。天气衍生品2006年规模达452亿美元，2007年下降到192亿美元，2008年回升到320亿美元，2009年再次下降到151亿美元。总的来说，天气衍生品正逐渐全球化，由场外交易转向场内交易，交易品种和风险日趋多元化，参与者类型更加多样化。

（10）CME飓风指数期货和期权

美国芝加哥商品交易所2007年3月12日推出三种类型的CME飓风指数期货和期权，2008年4月3日推出基于CHI指数的飓风二元期权。CME飓风指数期货和期权交易额具有一定规模，是目前唯一挂牌交易的巨灾期货和期权。

巨灾联系证券的出现，为人们提供了转移和分散巨灾风险的新工具，提高了巨灾的承保能力和风险管理效率，实现了保险市场与资本市场的融合。当前巨灾联系证券出现两个发展趋势，一是多重巨灾风险证券化。针对多种类别的巨灾风险发行巨灾联系证券，可以提高风险对冲效率，降低发行成本。二是"储架发行"流行。发起公司采用储架发行，可以降低发行成本，把握最佳发行时机。

尽管巨灾联系证券取得了很大的发展，但由于交易成本太高、流动性不足、监管和会计政策的不一致、定价过于复杂且难以理解、缺乏标准化的定量评级方法等原因，导致其规模始终有限，无法应对巨灾发生的巨大损失，还出现部分巨灾联系证券产品因交易量太小而被迫退出市场的现象。

1.4.2 "四性"分析

巨灾联系证券在稳定性、收益性、流动性和保障性（简称"四性"）方面具有明显的特征。从稳定性看，巨灾联系证券的发行和交易受巨灾事件的发生影响较大，往往某一巨灾事件发生，会激发人们转移和分散巨灾风险的需求，从而提高发行和交易量。如果较长时间未发生巨灾事件，人们的购买热情会大大下降，发行和交易量也会急剧下降。此外，巨灾联系证券的价值也会受到巨灾事件的较大影响，导致其价格在巨灾发生前后出现剧烈波动，表现很不稳定。

从收益性来看，由于巨灾风险巨大且难以评估，投资者要求较高的风险补偿，因此巨灾联系证券的收益率通常会高于同种级别的公司证券，同时也提高了发行人的避险成本。

从流动性来看，巨灾联系证券由于定价复杂难以理解，标准化程度不高，市场参与者有限，因此交易不够便利，流动性明显不足，这也是制约巨灾联系证券规模增长的重要因素。

从保障性来看，尽管资本市场容量巨大，但真正能够通过资本市场来转移和分散的巨灾风险比例很低，巨灾联系证券的市场规模非常有限，就连资本市场发达的美国也只有约20%的巨灾风险通过巨灾联系证券来承担。巨灾联系证券主要适用于巨灾峰值风险，风险覆盖范围较为狭窄。市场规模受限，加之风险覆盖范围较窄，使巨灾联系证券对巨灾风险的保障并不充足，大规模的巨灾损失无法通过巨灾联系证券来保障，中低层次的巨灾风险也无法通过巨灾联系证券来保障。

1.4.3 巨灾补偿基金对巨灾联系证券的优势

巨灾补偿基金在稳定性、流动性和保障性方面对巨灾联系证券具有优势，收益率通常更低。首先，巨灾补偿基金采用国家资金专户和社会资金专户两个独立账户，由国家资金专户承担巨灾损失的补偿，巨灾补偿基金本身并不承担任何巨灾风险，从而基金价值能够保持稳定，不会受到巨灾事件的影响。此外，巨灾补偿基金在全国范围内发行，发行规模依据各区域巨灾预期损失大小，具有发生量和交易量大，发行和交易规模较为稳定的特点。因此，巨灾补偿基金在规模和价格上比巨灾联系证券更为稳定，也更有利于市场交易和流通。

巨灾补偿基金除注册区域不同外，其他要素基本相同，标准化程度较高，面值较小，易于为投资者理解和接受，市场参与者广泛，而且其规模和价值较为稳定，能够通过全国统一的二级市场顺利流通和交易，因此其流动性要优于巨灾联系证券。

巨灾补偿基金在全国范围内发行，发行规模大，且资金来源广泛，并针对不同层次巨灾损失设计有相应的分担机制，因此对巨灾损失有充足的补偿能力，能够覆盖高中低各种范围的巨灾风险，在保障性方面明显优于巨灾联系证券。

巨灾补偿基金由于主要投资于国债等安全性较高的金融产品，加之投资收益的一部分要上缴给国家资金专户，因此，投资者并不能获得较高的收益，其收益主要来源于对巨灾风险的保障。巨灾补偿基金的收益率通常要低于巨灾联系证券，其发行成本相应也要低于巨灾联系证券，从而降低了发行人的避险成本。

1.4.4　巨灾补偿基金对巨灾保险、再保险的优势

巨灾补偿基金在信用风险、流动性风险、道德风险、逆向选择风险的管理方面对保险、再保险有一定的优势，同时通过科学合理的补偿比例的设计，也能有效控制基差风险。

从信用风险看，巨灾补偿基金由国家资金专户和社会资金专户存放管理，规模很大，且有政府提供的兜底担保，拥有足够的偿付能力，因此几乎不存在信用风险。

从流动性风险看，巨灾补偿基金标准化程度高，可以在全国统一的二级市场上流通和交易，变现能力强，因此其流动性远远强于保险、再保险。

从道德风险看，巨灾补偿基金采取确定的补偿比例，投资者自留了一部分巨灾风险，有动力采取防灾减灾措施，以减少自身的损失，因此有利于降低道德风险。

从逆向选择风险看，巨灾补偿基金不会拒绝任何想规避巨灾风险的投资者，可以根据全国和区域的预期巨灾损失大小供给合理规模的基金份额。而且，由于高风险区域获得的补偿比例较低，低风险区域获得的补偿比例较高，鼓励人们减少在高风险区域的生活、生产活动，有利于减少巨灾风险暴露，降低未来巨灾损失。因此，巨灾补偿基金有效地规避了逆向选择风险。

从基差风险看，巨灾补偿基金与基于实际损失进行理赔的保险、再保险相比，要高一些，不过由于巨灾补偿基金的补偿比例是依据不同区域的预期巨灾损失，借助历史数据，经过各方面专家严密论证和设计，与实际巨灾损失具有很高的相关性，因此基差风险也较低。而且，巨灾补偿基金与基于实际损失进行理赔的保险、再保险相比，省去了定损和补偿的巨大工作量，大大缩短了补偿过程，提高了补偿的效率。

1.5　我国巨灾救助体系现状

面对巨灾风险，我国颁布实施了一系列减灾法律、法规，在减灾工程、灾害预警、应急处置等方面做了大量工作，2006 年国务院发布的《国家突发公

共事件总体应急预案》① 按照各类突发公共事件的性质、严重程度、可控性和影响范围等因素，将其分为四级：Ⅰ级（特别重大）、Ⅱ级（重大）、Ⅲ级（较大）和Ⅳ级（一般），并具体规定了每一级的量化分级标准，这有利于进行更为有效的管理。政府还积极推动社会力量参与减灾事业，积极参与减灾的国际合作，基本形成了亚洲地区减灾合作的工作框架。

这一系列的工作在一定程度上增强了我国抗御巨灾风险的能力，但我国至今尚未建立制度性的巨灾补偿机制，更没能建立相应的可持续的经济机构在财力上加以保证。存在的弊端概括如下：

1.5.1 巨灾相关法律制度不健全

和防灾减灾相关的法律法规主要有：《中华人民共和国防洪法（1997）》《中华人民共和国防震减灾法（1997）》《中华人民共和国减灾规划（1998—2010年）》《国家自然灾害救助应急预案（2006）》等②，都是规定政府机构如何应对洪灾、地震、火灾等自然灾害时的原则。关于巨灾保险的法律方面，1995年我国《保险法》出台，巨灾保险并未纳入其中③，1996年中国人民银行规定，自当年7月1日起实施的新的企业财产保险条款中，将洪水、地震和台风等巨灾风险从基本责任中剔除，并将洪水风险列为企业财产综合险的承保责任范围。而在2000年和2001年，保监会连续下发了关于地震保险的通知，指出"地震险只能作为企业财产保险的附加险，不得作为主险单独承保"。因此，在汶川地震前，各保险公司只将洪水灾害作为特附加险种承保，而对地震、海啸等巨灾风险，保险公司则不予承保。终于，2008年12月十一届全国人大修订的《中华人民共和国防震减灾法》明确提出，国家发展有财政支持的地震灾害保险事业，鼓励单位和个人参加地震灾害保险。要积极研究推动巨灾风险制度的建立，逐步完善巨灾风险分散机制④。但也只是规定了基本原则，并没有具体的可行性方案，缺乏可操作性。

---

① 国务院. 国家突发公共事件总体应急预案 ［EB/OL］. http：//news. xinhuanet. com/politics/2006-01/08/content_ 4023946. htm.

② 新华网. 防灾减灾专题资料 ［EB/OL］. http：//news. xinhuanet. com/ziliao/2006-07/26/content_ 4880109. htm.

③ 《保险法》第101条仅仅规定"保险公司对危险单位的计算办法和巨灾风险安排计划，应当报经保险监督管理机构核准。"

④ 作者不详.《中华人民共和国防震减灾法（修订草案）》的说明 ［EB/OL］. http：//www. gov. cn/jrzg/2008-10/29/content_ 1134041. htm.

1.5.2 补偿主体单一、补偿比例低下

目前我国的巨灾补偿，主要是由政府的民政部门进行救助性补偿。以汶川地震为例，在此次地震中，国家提出要通过政府投入、对口支援、社会募集、市场运作等方式，多渠道筹集灾后重建资金。其中，最主要的资金来源是政府投入和社会募集，国家发改委发布信息称，截至2009年5月，共累计下达中央基金1 540亿元；而社会募集方面，截至2009年4月30日共接受国内外社会各界捐赠款物合计767.12亿元。所有这些资金之和，占汶川地震直接经济损失8 451.4亿元的比例也仅有27%，这意味着震后重建的绝大部分，即73%的资金，仍然需要灾区和灾民自己筹集。

图1-1反映了1991—2008年我国政府的救灾支出和自然灾害造成的经济损失的对比关系。从图中可以看出，我国政府的救灾支出相对于直接的经济损失来讲无异于杯水车薪。如果将间接损失也包括进来，按一般研究的结果，间接损失约等于直接损失，则这一比例仅为现在直接损失的1/2（见表1-4）。

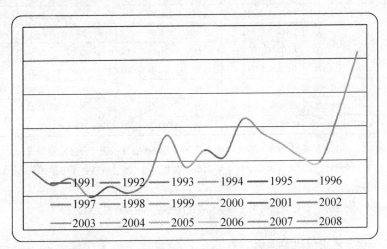

图1-1　我国自然灾害中政府拨款占直接经济损失的比例（1991—2008）

说明：根据表1-4整理得到。

表 1-4　　　　　1991—2008 年我国自然灾害造成的人员伤亡、
经济损失和政府拨款数据

年份	受灾人数（亿人）	死亡人数（人）	直接经济损失（亿元）	政府拨款（亿元）	政府拨款占经济损失比例（％）	人均受损（元）	人均补偿（元）	死亡人数增长率（％）	直接经济损失增长率（％）	政府拨款增长率（％）
1991	2.8	＊	1 215	20.9	1.72	433.93	7.46	＊	＊	＊
1992	2.4	＊	854	11.3	1.32	355.83	4.71	＊	-29.71	-45.93
1993	2.09	6 125	993	14.9	1.50	475.12	7.13	＊	16.28	31.86
1994	2.54	8 549	1 876	18	0.96	738.58	7.09	39.58	88.92	20.81
1995	2.4	5 561	1 863	23.5	1.26	776.25	9.79	-34.95	-0.69	30.56
1996	3.23	7 273	2 882	30.8	1.07	892.26	9.54	30.79	54.70	31.06
1997	3.3	3 212	1 975	28.7	1.45	598.48	8.70	-55.84	-31.47	-6.82
1998	3.5	5 511	3 007.4	83.3	2.77	859.26	23.80	71.58	52.27	190.24
1999	3.53	2 966	1 962	35.6	1.81	555.81	10.08	-46.18	-34.76	-57.26
2000	2.79	3 014	2 045.3	47.5	2.32	733.08	17.03	1.62	4.25	33.43
2001	2.6	2 538	1 942.2	41	2.11	747.00	15.77	-15.79	-5.04	-13.68
2002	2.3	2 840	1 717.4	55.5	3.23	746.70	24.13	11.90	-11.57	35.37
2003	3	2 259	1 884.2	52.9	2.81	628.07	17.63	-20.46	9.71	-4.68
2004	3.4	2 250	1 602.3	40	2.50	471.26	11.76	-0.40	-14.96	-24.39
2005	4.06	2 475	2 042.1	43.1	2.11	502.98	10.62	10.00	27.45	7.75
2006	＊	3 186	2 528.1	49.4	1.95	＊	＊	28.73	23.80	14.62
2007	3.98	2 325	2 363	79.8	3.38	593.72	20.05	-27.02	-6.53	61.54
2008	4.78	88 928	11 752.4	609.8	5.19	2 458.66	127.57	3 724.86	397.35	664.16

说明：1. 表中数据根据 1991—2008 年间民政部《民政事业发展统计公报》整理得到。

2. 由于 1990 年及以前灾害损失统计主要集中于农业方面，统计资料并不完整，所以上述数据从 1991 年开始。

3. 表中＊号表示：在民政部《民政事业发展统计公报》中没有相关数据。

1.5.3　巨灾保险业落后

我国保险业发展水平还不高。截至 2006 年年底，保险公司数目美国为 5 800 家，英国为 827 家，中国香港地区为 288 家，而中国内地地区共有保险机构 98 家。相对于欧美、日韩等国家的保险业来说，我国的保险业还有很大的差距。相对于发达国家家庭财产投保率 30％～40％，我国的家庭财产性投保率仅为 5％左右，可见我国的保险密度和保险深度都还很低。

巨灾风险方面的差异就更大了，因为我国几乎还没有规模化的巨灾保险业务。这一方面是由于我国社会主义的性质使人们的投保意识不强；另一方面是由于我国传统的商业保险公司无法提供巨灾保险所致。根据 2008 年 9 月在成都召开的"巨灾风险管理与保险"国际研讨会①的信息,在 2008 年年初的南方雨雪冰冻灾害中,保险赔付近 50 亿元,仅占 1 516.5 亿元损失中的 3%;直接经济损失为 8 451.4 亿元的汶川大地震,保险业的赔付为 18.06 亿元,保险赔付率仅为 2.1‰。而 2008 年全世界因巨灾造成经济损失 2 690 亿美元中,保险赔付的损失为 525 亿美元,占 19.5%。可见,我国巨灾保险的赔付对全部损失来说,几乎没有发挥作用。

1.5.4 补偿额与获赔成本不匹配

从获赔成本角度看,由于主要的补偿资金来源于财政资金,而财政资金来源于地方和中央政府的税收。税收来源于每个纳税人,而获赔的只是部分灾民,这对未受灾的地区显然有失公允。另一方面,不同人的纳税额不同,但受灾后的补偿额却基本上按人头平均补偿,这对于纳税额较高的人也是不公平的。所以,表面上公平的补偿方式,"免费"和"无偿"的形式背后,隐藏着许多的不公平。这意味着对不同的人而言,其获赔的成本可能存在较大的差异。这种不公平的存在,必然影响人们纳税的热情、影响政府政策的有效性、公信力和可持续性。

1.5.5 补偿机制与防控机制相互脱节

目前,补偿机制另一个明显的缺陷,就是巨灾的补偿机制与防控机制之间可能严重脱节。目前以财政为主的救助性补偿机制中,出资的是政府财政部门,而负责减灾、赈灾的则是民政部门,中间缺乏有利益驱动的经济实体或部门作为连接的纽带,也缺乏由利益驱动的监督、约束和协调机制,两大部门能否真正协调运作,完全取决于政府的行政效率。

在关于巨灾的法律法规方面可以看出,在防灾方面,虽然我国长期以来执行的是"防重于治"的方针,但真正对巨灾风险的预防、特别是事前防灾和减灾方面,仍主要是由政府在推动,缺乏有直接利益相关机构或经济体的参与,尤其是具有严格利益约束的主体参与,这是我国长期以来巨灾预防效率低下的重要原因之一。

综上,我国巨灾补偿和救助体系存在众多问题,严重影响着我国人民生活

---

① 作者不详."巨灾风险管理与保险"国际研讨会 [EB/OL]. http://finance. newssc. org/system/2008/10/07/011164883. shtml.

以及我国的经济发展。下文将在前文的基础上，探索建立适合我国现状的巨灾补偿体系。

1.6 我国巨灾补偿体系建立的基本原则

结合我国的政治和经济特征以及我国巨灾保险业发展水平的现实，我们认为构建我国巨灾补偿体系的时候，至少应遵循以下几个方面的原则：

1.6.1 兼具公益性和商业性的原则

鉴于我国社会主义制度的基本特征，巨灾风险下照顾好每一个公民是政府的基本职责，巨灾补偿基金必须同时兼具公益性和商业性。公益性是为了体现社会的公平和道义，是政府不放弃任何一个纳税人基本承诺所要求的；而商业性则是为了保证基金运作的效率、为基金筹集更多的补偿资金，增强基金实力的基本保证。既要体现公平，又要保证效率；既要体现公益性，又要保持商业化运作，这是建设我国社会主义巨灾应对体系的基本要求。

1.6.2 跨险种、跨地区、跨时间的"三跨"原则

虽然国际上应对巨灾风险的基金多以单一巨灾风险为基础设置，但我们认为在我国目前巨灾保险还十分落后而且巨灾风险又时常威胁着我们的时候，可先考虑不过分严格地区分具体风险，而是将多种巨灾风险统一起来设置统一的基金，以解决当前暂时无法精算到具体险种的问题。

同样，由于不同巨灾风险在不同地区的分布极不平衡，例如，沿海一带的台风巨灾很常见，但地震风险相对较小；四川省几乎没有台风巨灾风险，但却有较高的地震风险威胁。严格而精确的区域分布研究，很难在短期内完成，因此，我们认为，只要能在可接受的范围内加以区分，就可以面向全国各地统筹兼顾地安排统一的基金，而不必按行政或自然区划设立局部性的基金。

巨灾的发生时间，带有很强的不确定性，即使对周期性显著的台风、洪涝等巨灾，其准确的发生时间，也是极难准确预测的。加之，巨灾发生概率低而损失巨大，如何做到在没有巨灾的时候为可能到来的巨灾风险做好准备，也就是在时间上做到统筹兼顾，也是必须考虑的，否则，很难保证基金的可持续运行。

1.6.3 精确性与经济性平衡的原则

由于巨灾风险在精算方面的特殊性，比如不符合套数定律等，以致要准确地将巨灾风险精算到某个特定的投保人十分困难。从另一角度看，这种精算在巨灾风险下，究竟是否有必要，也是值得思考的。就目前受制于人类认知以及科技发展水平，确实难以精算到具体投保人的情况，如果不计成本非要沿用精算的方法，要具体计算到每个投保人、每座房子、每个年龄段、每种文化背景等，即使在技术上是可行的，也可能是很不经济的。何况巨灾风险发生后，在很短的时间内要精确计算不同投保人的损失差异，常常是不可行的。

我们认为，巨灾应对体系的建设，不应斤斤计较于是否精确的问题，而应当本着有益于大多数人、总体有效的目标，适当兼顾精确性和经济性，以增强相关制度的可操作性和适用性。

1.6.4 可持续性原则

巨灾风险，并不是一次性风险，而是持续面临的、随时可能需要面对的风险，这就要求所建设的巨灾应对体系必须是常设的、可持续发展的，特别是在经济上必须是可持续的。这就要求该体系应按照成本与补偿对等、谁贡献谁受益的原则进行营运。公益性补偿，其贡献理应由财政来完成，具体方式包括初始出资、后续出资、税收减免，或按人口数量强制收取定额巨灾专项税等方式来完成。而商业性补偿部分，则理应根据其出资、出资的增值情况，以及增值部分给补偿基金所做出的贡献来衡量。只有这样，才可能建立起可持续经营的巨灾应对体系。

1.6.5 有利于风险预防和控制的原则

这一原则是根据当前我国防灾和抗灾脱节这一现实提出的，也有利于弥补当前防灾和救灾之间缺乏有经济利益驱动的实体作为纽带的问题，这一点在国外主要是通过调整保险费率和证券评级等方式在控制；但完全依赖经济手段，在危急时刻未必真正有效；将经济手段与行政手段结合使用，可能更符合中国的实际。

巨灾保险中普遍存在道德风险的问题，而巨灾联系证券中，尤其是那些直接以物理指标为触发机制的证券中，则普遍存在基差风险的问题。对于巨灾应对体系，如何将灾前预防、灾时救助和灾后重建有机统一起来，在基差风险和道德风险之间取得平衡，也是必须考虑的基本要求。

1.7 巨灾补偿基金模式分析

根据前述原则来分析，目前全球已经在运作的巨灾应对模式中，还没有能同时满足前面五条原则的。潘席龙等（2009）提出的巨灾补偿基金，从理论上能符合上述要求。这是一种政府与市场结合型的巨灾风险应对模式，其充分整合政府、资本市场、保险市场、信贷市场的资源，兼具社会保障基金、证券投资基金和巨灾保险的特点而又不同于它们，能够在时间上、空间上、险种上更为有效地分散巨灾风险、克服我国巨灾保险极不发达的现实问题，下面简要介绍其内容，以便为进一步的研究奠定基础。

1.7.1.1 基本架构

巨灾补偿基金的基本架构如图1-2所示，其基本特点是政府提供初始资金建立巨灾补偿基金公司，下设社会账户和政府账户的双账户；社会账户负责基金的资金积累、政府账户负责灾后的补偿；社会账户以提交一定比例的收益作为期权费，获得灾后政府账户按社会账户投资人净值的一定倍数进行补偿的权利；以双账户共同投资、独立核算的方式，将基金的一级市场和二级市场分开，避免巨灾风险对二级市场的直接冲击；再以政府财政及其融资能力作为补偿资金来源的最后保障，确保基金的正常运转。

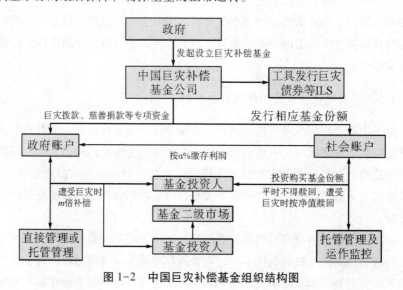

图1-2　中国巨灾补偿基金组织结构图

巨灾补偿基金公司为核心管理机构，由政府设立、控制和管理，负责巨灾补偿基金的经营和管理，具体包括发行巨灾补偿基金、巨灾债券和其他非传统风险转移工具，直接或委托专业机构运营所筹资金，对所委托专业机构进行遴选、监管和考核，分设政府资金专户和社会资金专户并协调运作，建立和维护基金投资人账册，发生巨灾时核定受灾注册区域投资人并进行补偿等。

巨灾补偿基金理事会是巨灾补偿基金公司的决策机构，直接隶属国务院，负责巨灾补偿基金的统筹规划和重大事项决策，包括发展计划、基金发行、融资、年度预决算、巨灾理赔、财务报告审核、委托专业机构的遴选和考核、召开基金持有人大会和向国务院报告等。

巨灾补偿基金公司可以自己投资运营所筹资金，但主要是委托专业的证券公司、基金管理公司、托管银行和审计机构等负责基金的发行、销售、投资、托管、财务审计等，从而可以大大精简机构和人员，降低自身运营成本和提高运作效率，这有点类似土耳其巨灾保险基金。

1.7.1.2 应对策略

通过充分整合政府、资本市场、保险市场和信贷市场的资源，采用基金、再保险、信贷、非传统风险转移工具等多种金融手段，由政府资金专户保证社会效益，社会资金专户保证经济效益和基金可持续发展，从而实现巨灾风险的跨时间、跨空间、跨险种的广泛分散，为民众提供广覆盖、综合性、高效率的巨灾风险保障体系。

1.7.1.3 金融产品

所使用的金融产品包括基金、巨灾债券、其他非传统风险转移工具、信用贷款、再保险等，投资者向巨灾补偿基金公司购买巨灾补偿基金，巨灾补偿基金公司发行巨灾债券和其他非传统风险转移工具，在国内、国际市场购买再保险，以及在资金不足时向银行贷款。由于基金面向广大民众和机构发行，所以能迅速筹集足够规模的资金，并使风险在不同地区和不同主体之间广泛分散。同时，再保险、巨灾债券和其他非传统风险转移工具的使用，使风险在国内、国际市场上得以有效分散。在面临补偿不足时，还可借助国家信用进行融资，从而保证了基金的稳健运行和可持续性。

1.7.1.4 资金来源

巨灾补偿基金的资金来源广泛，具体包括：由政府出资的启动资金、财政资金、社会捐助、基金销售收入、投资收益及留成、再保险的补偿、巨灾债券和其他非传统风险转移工具的补偿、信用贷款等。由于资金来源广泛，巨灾补偿基金有足够的偿付能力，加之国家信用的担保和采用固定补偿额，几乎可以应对各种巨灾风险。

1.7.1.5 运作方式

巨灾补偿基金公司向投资者发行巨灾补偿基金份额，所募集资金存入社会资金专户，财政资金和社会捐助存入政府资金专户，社会资金专户和政府资金专户相互独立。巨灾补偿基金公司直接运营或委托专业机构运营所筹资金，对社会资金专户和政府资金专户分别采用不同的运营管理方式，前者以商业标准管理，更注重盈利性，后者按政府目标管理，更注重公益性。

社会资金专户有年度盈余时，按一定比例向政府资金专户上缴利润，以此换得巨灾发生时，政府资金专户向灾区基金持有人给予其权益 m 倍的补偿，加上灾区基金持有人向社会资金专户赎回所持基金份额，这样灾区基金持有人一共获得其所持权益 m 倍的补偿。实际上相当于社会资金专户或投资人以自身投资收益的一部分向政府资金专户购买了连续的分期保险，或与政府资金专户签订了一份永久性互换协议，以不确定性收益的 $\alpha\%$ 换取巨灾时政府资金专户 m 倍补偿的现金流。社会资金专户上缴的 $\alpha\%$ 利润增强了政府资金专户的积累能力，不断扩大其规模，提高其偿付能力，同时也向其转移了全部的巨灾风险。政府资金专户获得稳定资金来源的同时，也承担了相应的巨灾风险，m 倍的超额补偿完全来自政府资金专户。社会资金专户由于完全转移了巨灾风险，其基金份额的价值得以保持稳定，从而能够在二级市场顺利流通和交易。

为了增强偿付能力，巨灾补偿基金公司还在国内、国际市场上购买再保险、发行非传统风险转移工具，把更高层次的巨灾风险向保险市场和资本市场转移，甚至在自身资金不足时还可以借助国家信用以较低成本融资，从而保证了基金的稳健、可持续运营。

通过政府资金专户和社会资金专户之间的互换交易，兼顾了公益性和商业性，发挥了政府资金和社会资金各自的优势，使政府和市场的边界明确，各自权利和义务清晰，能够形成良好的协调联动机制，从而为其高效运作奠定基础。

1.7.1.6 损失分担

巨灾补偿基金的损失分担分为五层：

第一层：投资者自留，由投资者自身承担。投资者购买巨灾补偿基金向巨灾补偿基金公司转移巨灾风险，但并非完全转移了巨灾风险，因其发生巨灾时规定的 m 倍所持基金权益的补偿，并不一定能完全弥补其巨灾损失；作为一种商业和市场行为，投资人有权、也有能力根据自身的抗风险能力和风险承受水平，自主决定其投资于巨灾补偿基金的金额和比例。同时，由于投资本身具有机会成本，需要在补偿收益和机会成本方面进行平衡，为了这种平衡，投资者有采取防灾减灾措施的内在动力，有利于降低道德风险。

第二层：巨灾补偿基金公司的 m 倍投资人基金权益的补偿。由于采取固定补偿比例，相比于保险业务，省去了复杂的定损和理赔过程，因此其补偿将更为迅速，效率更高。

第三层：高层次的巨灾风险由巨灾补偿基金公司购买的再保险等进行分担。

第四层：超高层次的巨灾风险由巨灾补偿基金公司发行的巨灾债券等非传统风险转移工具承担。

第五层：当巨灾补偿基金公司资金不足时，由国家信用担保进行融资，保证及时补偿和可持续经营，并在后期的长期经营中逐步偿还。

从以上损失分担层次可以看出，巨灾补偿基金首先通过投资者购买基金在不同主体、不同地域之间实现了风险分散，并通过基金的积累实现时间上的风险分散；然后借助再保险、非传统风险转移工具在纵向层次上实现风险分散，充分利用了资本市场和保险市场的巨大风险承担容量；最后还借助了国家信用的兜底担保。可见，该模式构建了非常严密的风险承担体系，足以有效应对各种巨灾风险，并持续稳健运行。

1.8　巨灾补偿基金相对财政救助的优势

巨灾补偿基金整合政府资源和社会力量，融合保险市场和资本市场，跨越国内市场和国际市场，具有对公共财政或公益救助的比较优势，具体如下：

（1）提升供给能力和保障水平。巨灾补偿基金由于资金来源渠道广泛，规模巨大，相比公共财政或公益救助的单一渠道，能为更多人提供巨灾保障，覆盖更多种类和更高层次的巨灾风险。而且，投资者根据自身的巨灾风险暴露和风险偏好，在一定的限额内可以购买任意数量的巨灾补偿基金，从而通过市场选择实现其自身的风险收益的最佳组合，使不同层次的投资者都能获得自身需求的巨灾风险保障，提高了整个社会的巨灾保障水平。

（2）提高效率。巨灾补偿基金借助市场约束和政府监管，相比仅靠政府监管的公共财政，或仅靠社会监督的公益救助，其透明度更高，治理更有效，能够提高巨灾补偿的速度和质量，最大化补偿资金的使用效率。

（3）降低成本。巨灾补偿基金的补偿比例经过科学计算，与各区域的巨灾预期损失相匹配，对巨灾补偿成本进行了有效控制，有利于降低救灾成本。而公共财政或公益救助属于软预算约束，在救灾过程中难免出现补偿标准不一、挤占挪用、虚报损失、甚至贪污腐败等现象，造成严重浪费，导致救灾成本过高。

（4）提供正向激励。巨灾补偿基金通过投资者的巨灾风险自留部分和差别化的补偿比例，能有效降低道德风险和逆向选择风险，激励人们防灾减灾努力和减少高风险区域的生活生产活动，从总体上降低巨灾风险暴露。而公共财政或公益救助则容易使人们产生依赖心理，缺乏防灾减灾的动力，甚至导致"慈善危害"，不利于降低巨灾风险暴露和未来巨灾损失。

（5）有效分散风险。巨灾补偿基金通过聚合不同区域、不同种类的巨灾风险，合理的巨灾风险分担层次设计，以及借助保险市场和资本市场、国内市场和国际市场，实现跨空间、跨时间、跨险种的巨灾风险分散，巨灾风险分散更充分，更高效。而公共财政或公益救助的风险承担主体过于单一，风险过于集中，容易出现财务困难、偿付能力不足的问题，无法为人们提供稳定、可持续的巨灾风险保障。

综上所述，我们认为巨灾补偿基金制度是一种创新的应对巨灾风险的金融机制设计，其相对于公共财政、公益救助、巨灾保险和再保险、巨灾联系证券等，都具有显著优势，也能很好地同时满足前面的五项基本原则，适合我国国情。以下各章分别对巨灾补偿基金的目标、特征、运作模式、补偿机制进行理论分析，并结合我国的巨灾风险进行模拟研究。

2　巨灾补偿基金制度设计概述

巨灾补偿基金的制度设计，由潘席龙等于 2009 年提出，后于 2011 年左右完成了基本的制度建设①。为了本题研究的需要，这里就这一制度设计的主要内容进行说明，为进一步的研究奠定基础。

2.1　设立巨灾补偿基金的目标

我国是世界上自然灾害发生最频繁的少数几个国家之一，且具有灾害种类多，发生频率高，分布地域广和造成损失大几个特点。随着我国经济的快速增长和人口与财富的大量聚集，巨灾所造成的损失呈现进一步扩大的趋势。与之形成鲜明对比的是，我国还未能形成较为有效的巨灾风险管理和补偿体系，主要还是依靠灾后融资机制。这样，一方面使政府被迫成为巨灾风险的承担主体，将大量财政资金用于灾后重建，对经济恢复产生不利的影响；另一方面，财政救助支出对于巨灾的天量损失只是杯水车薪，无法给予受灾群众合理的补偿。因此，为了确保国家经济的持续健康发展和社会的稳定，建立符合中国国情的巨灾风险管理和补偿长效机制已迫在眉睫。在这一方面，发达国家主要采用以保险机制为主的巨灾管理和补偿体系，但是目前我国再保险市场的发展尚未成熟，保险公司积累的巨灾风险无法有效分散，所以这种模式并不适用于我国。于是，基于利用金融市场分散风险和调动个人进行巨灾风险管理积极性的考虑，建立巨灾补偿基金的设想应运而生。

2.1.1　基本目标

巨灾补偿基金建立的基本目标就是集政府和民间资本的力量，以市场机制为核心、兼顾公平和效率，实现我国主要巨灾风险的跨地区、跨险种、跨时间

---

① 潘席龙.巨灾补偿基金制度研究 [J].成都：西南财经大学出版社，2011.

的分担和共济。

相较于目前我国对巨灾风险管理单一地依靠政府发放的巨灾补偿款，巨灾补偿基金还能利用民间资本的力量，可以集众多基金持有人之力，来分担少数受灾地区的巨灾风险，减少政府的财政负担以及由财政补偿产生的低效率和舞弊问题。同时，巨灾补偿基金通过市场化运作，由专业的基金管理公司进行日常管理，大大地增强了资金的利用效率。在巨灾发生时，根据巨灾发生所处的注册地以一定比例补偿基金持有人，避免了由政府补偿所造成的表面公平而实际的不公平，很好地兼顾到了基金资金的利用效率与补偿灾区受灾人群时的公平问题。由于巨灾发生在时间和区域上的随机性，我们提出注册地的制度设计。这样，基金投资者就可以随时购买不同巨灾类型、任意注册地的基金份额，即使该投资者在该注册地并没有要进行巨灾风险管理的资产。这样设计的好处在于：巨灾发生造成的损失不再仅由灾区人民来承担，而是由所有购买过该注册地基金份额的基金持有人共同分担。实现了对巨灾风险的跨地区、跨险种、跨时间的分担和共济。

2.1.2 政府目标

巨灾补偿基金的建立对于政府来说主要是为了发挥财政资源的乘数放大效应。相对于直接的灾后救济，巨灾补偿基金对财政投入具有更加积极的放大效应，主要通过以下几个渠道实现：通过财政投入的示范和帮扶作用实现投入的放大效应，还可以激励普通民众增加对基金的购买；同时，放大了原始财政投入和普通民众基金投入的作用范围，形成更大的保障合力，从而在发生自然灾害的情况下，基金公司提供的补偿金足以补偿灾民的大部分损失，并能提供充足的再生产启动资金，有利于快速地恢复生产生活。另外，建立巨灾补偿基金能提高财政投入使用效率而实现放大效应。面对各种自然灾害风险，通过巨灾补偿基金开展防灾防损工作，如通过协助政府确定防灾重点，开展防灾检查，及时采取风险防范措施，有利于增强普通民众的风险防范能力，降低自然灾害发生所造成的损失；借助市场化手段，充分利用商业化基金公司在组织结构、风险测算、资产管理和风险控制等方面的优势，可以有效避免财政支出的行政管理损耗，降低政府财政资金的管理成本和运营成本，而财政投入资金使用效率的总体提升，将在整个国民经济产生乘数效应，从而更好放大财政资金的支持作用。

补偿基金的建立旨在解决政府救灾效率和舞弊问题。目前，我国应对自然灾害主要是靠政府救助为主的救灾减灾模式。灾害发生时，往往是由国务院牵头，协调民政、财政、交通运输、慈善等各方面来应对灾害。虽然这体现了政府组织的组织性与协调性，显示了集中力量办大事的社会主义优越性，但是以政府救灾为主的模式存在效率问题和舞弊问题：一是显性效率比较低，自然灾害发生后，面对大范围人员伤亡、财产损失和灾区重建的压力，即便政府下拨充足的资金，除了短期的应急物资能比较快地运抵灾区，其他的灾后重建拨款往往是滞后的，从经验看通常要经过许多审批环节和流通环节才能到达灾区，显性效率较低。二是从效用上来看，政府拨付的赈灾款并不能保证其效用最大化。这是由于财政拨款的公共性和竞争性，各灾区如何争夺有限的财政资源，有时会比如何将这些资源发挥出最大的效用还重要。"争而不用，争来滥用"的现象很难避免。三是容易滋生舞弊腐败的现象。由于救灾体制、机制的漏洞和灾难时期监管不力，侵吞、挪用救灾资金等现象在历次巨灾中都频频出现。许多地方官员，尤其是乡村两级的干部群，不乏有将救灾款用于个人或单位的福利的现象。

在巨灾补偿基金的制度设计中，上述的低效率和舞弊问题都有望得到有效解决。第一，一旦灾害发生，基金的持有人就能很快按约获得补偿款。在灾害发生后，只要基金持有人符合补偿条款，不需要对持有人的实际损失进行评估，就能获得补偿，在速度上远高于保险类产品先定损后补偿的速度。第二，基金补偿提升了补偿基金的利用效率。基金补偿是有偿的、额度是有限的，是直接补偿给受灾的持有人的，其产权是非常明确的。而财政补偿资金在数量上没有确定的限制，也无需偿还，因而极有可能促使人们将注意力放在获取更多补偿金上，而没有注重对补偿金的使用。第三，基金补偿比财政补偿更有利于国民经济的持续发展。基金补偿金来自于没有发生巨灾时的积累，不会减少社会生产建设基金。在快速补偿后，各种生产条件能及时得到恢复和重建，有利于国民经济的恢复和持续发展。第四，商业化的基金合同为基础，相关主体的权责利很清晰，可以有效杜绝许多舞弊问题。直接以现金进行补偿，受灾的持有人可以根据自身的需要购买必要的生活和生产物资，也可避免物质补偿时用途方面的限制。

当前我国救灾实行的是政府主导、财政拨款、对口支援为主的制度。尽管这样的体制在某些方面也有其优势，但也存在前文所述的弊病。分割管理方式很容易造成救灾资源过度转移。比如救灾资金分别由财政、民政、卫生、水利、农业、教育、交通部、发改委等部门负责下拨。其中，民政作为灾害管理的综合协调部门，掌握了救灾的大部分资源；水利部门负责水旱灾害；发改委负责灾后重建的公共设施投入和移民安置补助；教育部门负责学校恢复重建的投入；农业部门则负责农业灾后损失补助工作；交通部门负责修复损毁的交通设施；卫生部门主要在灾害发生后提供医疗救助。

地方发生灾情后，救灾的资金需要分头申请，按"条条"下拨，这样就人为割裂灾害救助体系的整体性，导致各部门从自身利益出发，尽量多争取救灾款，以确保本部门救灾任务的完成。政府救灾体制的计划性就不可避免地导致资源过度的转移。尽管通过计划手段调配救灾资源在维持大局稳定上有其优势，但是由于决策者不可能完全掌握灾区信息，且不同主体的利益诉求不同，因而通过计划调配救灾资源存在一些局限性，比如地区将救灾物资分配做不到完全的公平，灾情发布及时、充分的地区可能会得到更多的救助，而信息闭塞的灾区则获得较少物资，然而闭塞的地区往往受灾更严重。另外，不同利益主体的寻租行为也会导致救灾物资的过度转移。巨灾补偿基金是一种市场化的机制，旨在通过市场这一无形的手调配社会救灾资源，能较好地克服信息不对称导致的救灾效率的低下，同时通过完善的法律条款减少救灾中可能出现的腐败与寻租行为，另外可以发挥基金管理公司的专业及网点布局优势，使受灾人员得到合理的灾害补偿，减少社会资源的分布不均与浪费。

总的来说，政府资金的主要目标一是要维持巨灾补偿基金的稳健运行；二是在保持基金运作效率的同时，兼顾补偿过程中的公平性，特别是针对受灾的贫困人口等提供最基本的社会保障。

2.1.3 企业目标

企业的基本目标是在一定成本条件下获取最大利润，提高企业价值。因此，企业管理者所采取的所有投融资活动及经营管理策略都是围绕这一基本目标进行的。自然灾害对于企业行为具有非常规、超强度的影响，像地震、洪涝、台风、海啸等会对企业造成不同程度上的经济损失，甚至可以将一个企业完全摧毁。

从这方面来说，企业主要有以下目标：一是当面对巨灾发生的潜在威胁时，企业要采取一定的灾害风险管理措施，将面临的巨灾风险有效地转移和分散。前面提过巨灾风险对于企业的影响强于任何企业所面临的任何风险，特别是处于灾区的企业，更要将巨灾风险管理作为经营的一项重要工作。因此，企业有必要采取措施降低巨灾发生对自身造成的损失，购买巨灾保险或巨灾补偿基金能很好地将巨灾风险转移和分散。二是将巨灾风险管理的成本控制在可接受的范围内，企业购买巨灾补偿基金的资金不能用于其他生产与投资活动，这部分资金构成企业进行风险管理的成本。企业衡量其他风险管理方法如购买保险或采取措施增强财产的抗风险能力所付出的成本，当持有巨灾补偿基金的成本较低时，企业会采取购买巨灾补偿基金来管理巨灾风险。三是在灾害发生后，企业要尽量在最短的时间内完成重建和恢复正常的经营。巨灾发生后，企业的直接经济损失已经成为沉没成本，无法收回。企业为避免更多的损失，就必须更快地重建工厂及机器设备，恢复生产。

2.1.4 个人目标

在传统的自然灾害风险管理模式下，人们往往是被动地接受自然灾害可能带来的人员以及经济损失。一方面可能使人们长期积累的财富毁于一旦，另一方面，目前受灾群众更多的是依靠政府补贴、民政救灾、社会救济、政府低息或无息救灾贷款与慈善等形式来分担损失。这种方式明显不足以解决巨灾发生所造成的巨大经济损失。巨灾补偿基金是一种事前的风险管理制度，灾区的居民可以根据自己的风险暴露和支付能力，通过购买基金的形式，分散和转移自身可能面临的风险，可以提高灾区居民的生活水平。与一般的商业型基金不同的是，巨灾补偿基金不是以盈利为目的，而是具有社会互助救济性质，其主要目的在于通过政府的领导和支持，组织灾区的经济补偿。通过巨灾补偿基金，可以改变巨灾损失的负担方式，使损失不再是个体和一次性承受，而是分散与分期负担，个人持有巨灾补偿基金使自身遭受的损失在较长的周期和较大的范围内进行分散，在众多的基金持有人之间进行分摊。这样，灾区居民的风险管理由自救转为互助，使得灾区居民的生活水平不会遭受大的波动。

另外，对经济生活的个体而言，购买巨灾补偿基金可以做到"花小钱，办大事"。相比之下，如果采取政府救助的手段，一旦发生大规模的巨灾，风险暴露过大、政府负担过重，而且公共资金向灾害受难者的事后分配可能会影响到其他经济项目的建设，拖累整体经济的发展。投资者购买巨灾补偿基金的主要动机之一，是一旦发生巨灾，巨灾补偿基金会给予投资者相对于其基金净值数倍的补偿。

2.1.5 不同主体的目标差异

综上所述，不同主体在巨灾风险管理方面有不同的利益诉求，因此各个主体对设立巨灾补偿基金的目标上存在差异性。政府作为巨灾补偿基金的设立者，主要目的一是通过设立基金，保证救灾资源在地区和个人间分配的公平性和有效性，过去的救灾资源配置缺乏合理的机制，很容易因为地方政府弄虚作假而造成资源的错配。巨灾补偿基金可以通过商业契约的模式明确受灾者应获得的补偿金额，确保了资源的有效分配。二是通过解决救灾资金划拨的低效问题，防止灾情的进一步扩大，保证受灾地区和群众获得及时的补偿，灾后重建工作的及时进行，从而促进社会的稳定。巨灾补偿基金的国家账户由中央政府统一管理、统一调配、专款专用，可以避免多层审批带来的低效，使救灾资金尽快投入使用。

对于企业来说，其参与巨灾补偿基金主要是从效率的角度出发。对于拥有大量固定资产的企业来说，巨灾造成的损失可能是致命的，而且巨灾风险具有很强的不可预测性，而巨灾补偿基金能够为企业提供所持基金份额数倍的补偿，对于企业具有一定的保险功能，因此能够有效减少企业的运营风险，提高经营效率。非常重要的一个差别是，购买巨灾补偿基金不是一项费用支出，而是一项安全性高、能够获取稳定收益、且能分散和转移巨灾风险的投资，这也是巨灾补偿基金区别于一般巨灾保险业务的重要特征。

另外，个人在巨灾风险管理上不同于政府和企业的是：个人是自身财产的完全所有人，要对财产的损失承担全部责任，以及在巨灾发生时自身和家人的生命安全也在很大程度上受到威胁。巨灾补偿基金对于个人的吸引力在于一方面购买了基金份额的投资者在灾后可以获得数倍的补偿，从而将灾害造成的不良影响最小化；另一方面，由于购买基金是契约行为，即使个人在巨灾中失去了生命，他的亲友也可以继承补偿。这样就大幅提高了个人和家庭的安全感。其次，巨灾基金的补偿是以投资人所持资金份额作为标准，其市场化的分配原则也很好地消除了由于资源分配不均带来的心理的不平衡感。

2.1.6 不同主体目标的统一

尽管政府、企业和个人在巨灾风险管理上存在差异性，但不同个体之间的目的有共同的一点：兼顾公平与效率。

自由主义认为公平是只要不侵害他人的基本权利，个人凭借自己拥有的各种要素禀赋所挣得的一切都是合理的，因此，物质利益的公平分配原则就是公平竞争或机会均等的原则。而平等主义则认为公平不仅是基本权利的分配应当遵循平等的原则，物质利益的分配也应当遵循平等的原则。平等主义实际上考虑的是一种绝对公平，即给与相同的对象以相同的待遇。而这种情况在现实情况下是不存在的，因为不存在各个属性都完全相同的对象，也就无法用给与相同的待遇来判定公平。自由主义则考虑的是一种相对公平，每个人的禀赋差异是客观存在的，只有区别每个人对基金的贡献度来分配资源才是公平的。巨灾发生后，巨灾补偿基金是根据基金持有人持有基金份额的净值来补偿的，实际上投资者在购买基金份额多少时就已经区分出每个人的贡献差异。同时，也避免了依靠政府补贴出现的表面公平而实际不公平。政府的财政支出主要来源于税收，而每个人的税收负担是不一致的，虽然政府补偿相同的金额给受灾人群，表面上看似公平，而实际上税收贡献上本身却是不同的，所以，当前我国财政救助中人均分配资源的做法，实际上是不公平的。

2.2 巨灾补偿基金的基本特征

2.2.1 双账户设计

巨灾补偿基金在资金管理方面，由两个相互独立的账户构成，分别管理政府资金和社会资金。二者统一进行投资和管理，以期在一定的风险水平下获得投资收益，但是两个账户是分别独立核算的。两个账户间的关系为，社会资金账户每月的投资收益，将按一定的比例上缴给政府账户，以换取在巨灾发生时，受灾区的基金持有人可以按多倍于其持有的权益获得补偿的权利。因此，在本质上，两个账户资金之间的关系，可看作是一种连续的分期保险或一份永久性互换协议，也可看成是一种永久性的连续多次以一部分投资收益支付期权费，换取遭受巨灾时的补偿权的期权合约。

虽然巨灾发生时，政府对持有人的补偿可能会大于受灾地区持有人所贡献的收益，但由于巨灾一般不会在所有地区、所有的基金持有人中同时发生，而补偿基金跨区域、跨风险种类和跨时间进行补偿时，正好可以集众多基金持有人之力、集广大未受灾注册地之力，来分担少数受灾地区的巨灾风险；双账户的设计，正是实现这种三跨的重要基础。

双账户设计的第二个优势，是避免巨灾对基金二级市场的冲击。双账户设计下，巨灾发生后补偿基金的来源，是政府账户，社会账户不会直接受到巨灾风险的冲击，从而能确保基金净值的稳定性、保证基金在二级市场交易的稳定性和连续性。这一特点，使我们的基金不会像巨灾债券那样，一旦发生约定的巨灾，债券将直接受到冲击，甚至直接被退市。即使在政府账户补偿金不足的情况下，由于两个账户的独立性，政府也无权直接动用基金持有人的资金用于补偿，这也为基金的二级市场的稳定性提供了充分的保障。二级市场的稳定运作，使我们的基金相对于保险等其他工具，有更强的流动性。

双账户设计的第三个优势，是有助于将基金的公益性和商业性有机统一起来。对灾民的公益性补偿，比如，保障灾民在一段时间内的起码的生活需求的补偿，是从政府账户优先支出的，而政府资金不足时，可由政府以其他方式筹集，并不会影响到基金的社会持有人，也就是说，这种公益性补偿，并不会影响到基金持有人的收益。而且，基金持有人本身遭受巨灾时，也同样可以享受到相应的公益性补偿。

2.2.2 注册地设计

我国地域辽阔，不同地区发生巨灾的种类和概率是不同的，例如长江流域洪涝灾害的发生是比较频繁的，而东南沿海地区夏季经常暴发台风灾害，华北的干旱和半干旱地区比较容易出现旱灾，而处于地震带上的城市发生地震的概率要比其他城市高很多。这些巨灾在不同时间和不同地区发生的情况是很不相同的，为了把巨灾风险在时间和空间上进行分散，需要将巨灾补偿基金所包括的区域在全国范围内进行综合分析。

基于此，我们提出了基金注册地设计这一想法，即巨灾补偿基金会根据灾害发生的种类、发生概率以及损失程度，以行政区域为单位，设立不同的基金注册地。巨灾补偿基金的主要目的是发生巨灾后对基金份额持有人进行补偿，为了对不同地区、不同灾害、不同的损失程度进行合理的补偿，注册地划分的科学性、合理性、实用性，就成了这一制度体系的关键。

注册地制度是指巨灾补偿基金投资者在申购基金份额时，要根据基金本身面临的巨灾风险的区域分布，对持有的基金份额进行注册登记。巨灾发生后，巨灾补偿基金的管理人就需要根据登记在册的法定受灾范围内的巨灾补偿基金持有者名单，并按事先确定的补偿方式及比例进行补偿。以注册地替代保险合约中的投保人，是鉴于巨灾风险难以精算到特定个体，但在相对较大的空间范围内，仍然可以估算，以可以接受的"不精确"换取管理和运营效率的一种方式。

巨灾补偿基金的注册地在初始申购确定以后并不是不能更改的，它可以在交易系统中进行变更，但是必须合乎相关要求。对巨灾补偿基金注册地的更改主要分为两个方面：一个是主体未变更的更改；一个是主体变更的更改。主体未变更的更改可能是因为工作调动，迁居等原因造成的，巨灾补偿基金的持有人并没有发生变化，只是单纯地变更注册地，并没有交易介入。这种情况下，巨灾补偿基金的最短持有期限不需要重新进行计算，只是未改变注册地前的延续，只要注册地变更前的持有时间加上变更后持有的时间超过了最短持有时间，巨灾补偿基金的持有人就能在灾后获得全额补偿。因为巨灾补偿基金持有人并未发生变化，同时灾后获偿需要提供身份证和资产证明并与注册地比较的要求，使得不存在常态性巨灾风险的投机行为，所以最短持有时间不需要重新计算，叠加计算即可。巨灾补偿基金为了维持资金的稳定性，认购和申购后，未发生巨灾的情况下不允许赎回，只能通过二级市场交易。交易产生了巨灾补偿基金持有人变更的注册地变更。对于这种注册地的变更，实质上购买者相当于在二级市场上按照交易价格申购了巨灾补偿基金，变更注册地后需要按照新申购巨灾补偿基金的要求重新计算巨灾补偿基金的持有时间，必须在持有期满一年后才能在灾后获得全额补偿。这样要求是为了防止对常态性巨灾风险的投机行为。因为如果没有这种规则要求，在某个区域某种巨灾的高发季节即将到来之前，基金投资者可以通过二级市场大量买入该地区的巨灾补偿基金，如果巨灾真的发生，他将不花费任何成本的获得额外补偿，如果过了这个高发季节巨灾未发生，他可以卖出巨灾补偿基金，收回投资。为了杜绝这种情况的发生，主体变更的注册地更改，巨灾补偿基金的持有时间必须清零重新计算。

2.2.3　期权特征

期权又称为选择权，是在期货的基础上产生的一种衍生性金融工具。它指在未来一定时期可以买卖的权利，是买方向卖方支付一定数量的金额（指权利金）后拥有的在未来一段时间内（指美式期权）或未来某一特定日期（指欧式期权）以事先规定好的价格（指履约价格）向卖方购买或出售一定数量的特定标的物的权利，但不负有必须买进或卖出的义务。从其本质上讲，期权实质上是在金融领域中将权利和义务分开进行定价，使得权利的受让人在规定时间内对于是否进行交易，行使其权利，而义务方必须履行。

根据巨灾补偿基金的运作模式，社会账户资金取得的利润必须按一定比例向国家账户上缴，这是为了换取在巨灾发生时，灾区基金持有人能够得到政府账户资金一定倍数的补偿权利。

因此，巨灾补偿基金具有期权的特征，社会账户向政府账户缴纳的一部分资金就相当于是购买期权的期权费，将自己所面临的巨灾风险，比如财产损失，按几倍于自己投资的价格，转让给了国家账户；如果不发生巨灾，上缴的利润作为期权费是不能退的，而一旦发生约定的巨灾风险，政府账户就有义务按几倍于持有人权益的价格，"买入"持有人所面临的巨灾风险，也就是说，可以理解为以巨灾风险为标的的美式看跌期权。

2.2.4　投资特征

基金发行筹集的资金是基金的投资资金，其投资收益扣除基金经营管理相关费用后所实现的盈利，属于基金的全体投资者，其中包括政府资金和社会资金，在分配上完全按照出资比例进行分配。

与普通基金不同的是，巨灾补偿基金的本金及投资收益只有在遭受巨灾的情况下，经申请才能赎回。在没有发生所约定的巨灾时，基金虽然定期公布投资和运营情况，报告基金净值，但持有人不能直接要求基金赎回基金份额或兑现。如果基金持有人确实需要变现时，只能通过二级市场的转让来实现。从这方面来讲，巨灾补偿基金属于半封闭式基金，从投资期限上来看，属于长期投资。由于可以在二级市场转让，其实际的期限，也完全可以取决于基金持有人的投资需求。

从投资特征来看，还有一个重要特征就是其收益的分享性。基金持有人资金的投资收益须按一定比例分配给政府账户，也就是要和政府分享投资收益。加之基金本身对安全性的要求，巨灾补偿基金从投资收益看，特别是就归基金持有人的收益部分，不会太高，或更准确地讲，应属于低收益投资工具。

巨灾补偿基金的另一个投资特征，是路径依赖性。由于基金持有人想要从国家账户获得遭受巨灾后得到补偿的权利，而这项权利具体在什么时候实现，则要取决于约定的巨灾什么时候发生；这种设计隐含的是一种典型的美式期权，使得整个投资的实际收益表现出很强的路径依赖性。

2.2.5　半封闭式

封闭式基金（close-end funds）是指基金的发起人在设立基金时，限定了基金单位的发行总额，筹足总额后，基金即宣告成立，并进行封闭，在一定时期内不再接受新的投资。开放式基金（open-end funds）是指基金发起人在设立基金时，基金单位或者股份总规模不固定，可视投资者的需求，随时向投资者出售基金单位或者股份，并可以应投资者的要求赎回发行在外的基金单位或者股份的一种基金运作方式。

巨灾补偿基金既不同于封闭式基金也不同于开放式基金，而是同时体现了开放式与封闭式基金的特点。由于巨灾补偿基金在巨灾发生时要应对巨灾风险，需要巨大资金量来补偿灾区注册基金持有人一定比例的补偿额。所以，投资者在申购基金上是自由开放的，这和普通开放式基金相同，投资者可以随时购买基金份额，所以基金的规模将随着投资人购买量的增加而不断扩大。但是，由于巨灾风险在发生的时间、空间上都很不确定，且一旦需要补偿时，资金需求也很巨大。为此，我们所设计的巨灾补偿基金在赎回方面不是全开放，只是半开放或半封闭的。其封闭性指的是只有在持有人遭受约定的巨灾风险时，才能要求基金赎回基金份额、兑现本金和收益；巨灾补偿基金的开放性，则是指任何可能面对巨灾风险的主体，都可以随时、按面值购买巨灾补偿基金，除了一些必要的总量和结构限制外，不受其他限制。

2.2.6 保值性

巨灾补偿基金在收益性上，也不同于普通的巨灾保险工具。普通的保险工具，定期缴纳了保险费后，可以获得在投保期间的某种保障，但其有效性受保单时效的直接限制，即使在有效期内，也无法给投保人带来直接的投资收益（分红型保险中的收益，本身并不是保险业务带来的，而是附带的其他投资带来的收益）。巨灾补偿基金则因基金投资取得收益的高低而不同，正常情况下，都能获得一定的收益。即，巨灾补偿基金具有保值和增值的作用。

在巨灾相关业务中，这一特征非常重要，因为，这有利于克服保险类业务中投保人的侥幸心理。正如前面分析到的，巨灾风险发生概率低而损失巨大。在保险类业务中，许多投保人会买了上百年的巨灾保险而不会遭受事实的巨灾风险，容易给投保人一种错觉，就是上百年的保费都"肉包子打狗——有去无回"了。所以，在巨灾保险市场存在一种普遍现象，巨灾刚过去不久时，巨灾保险市场火爆异常，大家争相购买；而时间一长，就"门前冷落"了，许多先前购买巨灾保险的投保人纷纷断保或弃保。巨灾补偿基金则不存在这个问题，基金本身是具有现金价值的，而且可以通过二级市场变现，完全可以成为一种独立的投资工具。

2.3 巨灾补偿基金的运作模式

由于巨灾补偿基金带有一定的公共性、政府支持的背景和政策性倾向，所以该基金的组织设立只能由政府来完成。首先由政府设立巨灾补偿基金理事会，巨灾补偿基金理事会是巨灾专项资金账户的受托管理人，其角色类似于全国社保基金理事会，经费实行财政全额预算拨款，负责基金的归集与支付，组织专家进行资产分配和投资决策，制定评估投资经理人的基准并评估其业绩。

基金发行并申购完毕后，就进入整个基金的资产管理与二级市场的买卖阶段。在没有巨灾发生或年末社会资金有盈余时，巨灾补偿基金应按 $\alpha\%$ 的比例向巨灾专项资金账户提交利润。这是为了在巨灾发生时，灾区基金持有人能够得到政府资金 m 倍的补偿。另外，在没有巨灾发生的年份时，基金持有人不能赎回持有的基金份额，这体现了巨灾补偿基金半开放式的特征。而在巨灾发生时，基金持有人既可以赎回基金份额，也能获得巨灾专项资金 γ 倍于基金持有人份额的补偿。另外，基金投资者可以在二级市场自由买卖基金，但不同于其他基金的是巨灾补偿基金的交易要涉及更改基金注册地的问题。

由于巨灾补偿基金由政府组织设立，为了提高运作效率，巨灾补偿基金公司将采用全球竞标的方式，将基金的投资管理以及资产的保管、监督分别外包给专业的基金管理公司和基金托管人负责。这是摆脱政府出资并直接管理基金公司行政色彩和低效率的重要举措，也是基金面向市场便于分散巨灾风险的重要基础。

2.4　巨灾补偿基金的模式选择与运作架构分析

目前有三类具有代表性的基金运作模式能够部分满足设立巨灾补偿基金的要求，分别是：与巨灾保险相关的巨灾保险基金，具有公共品性质的社会保障基金和活跃于资本市场的证券投资基金。以下将进一步讨论这三类基金作为巨灾补偿基金基础的适用性。

2.4.1　巨灾保险基金

世界许多国家和地区已建立起了巨灾补偿体系，这些补偿体系都与保险直接联系，大多数以巨灾保险基金为主要的运行管理机构，在政府和再保险公司不同程度的参与下，层层分保，以应对巨灾发生时大额的保险补偿，实现巨灾风险的分散转移。如，美国的加州地震局（California Earthquake Authority, CEA），土耳其巨灾保险共同体（Turkish Catastrophe Insurance Pool, TCIP），我国台湾省住宅地震保险基金（Taiwan Residential Earthquake Insurance Pool, TREIP），新西兰的地震委员会（Earthquake Commission, EQC）等。

综合各国及地区的巨灾保险基金或类似组织的特征和功能进行分析。巨灾保险基金是政府或保险共同体建立，不以盈利为目的的基金组织形式，旨在通过集合私人保险市场承保的全国范围内的巨灾风险进行统一的管理，可以通过国际再保险等方式将风险分散到国际资本市场，在巨灾发生时，由该基金负责部分或全部补偿。虽然各国和地区的巨灾保险基金名称各不相同，但都充当着巨灾承保人或再保险承保人的角色。按设立方不同可分为公办民营和私有私营，按保险公司参与的自愿性分为强制性和非强制性；按政府是否承担风险，分为政府提供担保、部分担保和不担保等不同类型。其中，比较具有代表性的是政府有限参与的美国加州地震局（CEA）和政府公有的新西兰地震委员会（EQC），CEA中政府不承担任何巨灾风险，由基金自负盈亏，而EQC中政府则承担了最终的巨灾风险。

新西兰的政府地震保险制度是世界上最早的政府地震保险制度。1993年，新西兰国会通过地震委员会法案，原"地震与战争损害委员会"正式更名为"地震委员会（EQC）"，采取公办民营的方式，专门负责地震保险事务。目前EQC已积累有约56亿美元的巨灾风险基金，基金的主要来源是强制征收的保险费以及基金在市场投资中获得的收益，并有国际再保险和新西兰政府的担保。EQC的财政来源，并不依靠政府的拨款，但是政府必须补足基金的亏空，以确保其在标准普尔3A的评级。新西兰的自然灾害保险叫做EQ Cover保障，除了地震风险以外，还包括海啸、火山爆发等其他自然灾害以及战争损失，这一保险会自动附加到家庭房屋或家庭财产的火灾保险单上。在居民向保险公司购买房屋或房内财产保险时，这一保险的保费会被强制征收，并由私营保险公司代收，在扣除2.5%的代收佣金后，再将净保险费拨付给EQC。EQC在补偿上不同于CEA，首先，当巨灾发生时，先由EQC支付2亿新元，其次，EQC还利用国际再保险市场进行分保，当地震损失超过2亿新元时，则启动再保险方案。最后，当巨灾损失金额超过地震委员会支付能力时，政府将发挥托底作用，负担剩余全部理赔支付，为此EQC每年需向政府支付一定的保证金。

1996年美国加州政府赞助成立了"加州地震局（CEA）"，由一部分自有资本和保险公司、再保险公司根据各自的市场占有率缴纳保险金，同时发行收入债权（revenue bond），以此共同组成地震基金。加州地震局（CEA）是一个公众管理私有基金，其主要目的是为州内居住房屋的所有者、居住者等提供地震保险。CEA作为一个私人实体运营，资金来源于保险公司支付的保险金和自有资本，由会员保险公司、地质科学机构和政府官员共同管理，但是，整个州政府对加州地震局没有任何的责任，风险由各家保险公司承担。所有在加州有营业执照的财产险保险人都可以加入CEA，根据他们的市场份额来缴纳一系列费用，并且一旦加入，就将其承保的所有地震居民保单都转移给了CEA，并协助受理新的投保申请和进行保单管理。在CEA发生亏损的时候，参与保险人进行摊派。当巨灾损失超过整个保障体系的保障能力时，由保单持有人（居民）承担最终风险，即损失超过系统的保障能力后，损失将按比例在保单持有人之间分摊。CEA是目前世界最大的地震保险供应者之一，并且被认为是一种成功的政府与市场的合作模式。

不论如何分类，各国和地区的巨灾保险基金的功能和运作模式大致类似，通过巨灾保险基金实现对巨灾保险的单独管理，同时，巨灾保险基金作为非营利性机构，是政府和保险公司之间的纽带，一方面发挥政府的支持作用，另一方面发挥保险机构分布广、承保理赔方面的优势，通过政府支持、保险公司参与，将不可保的巨灾风险变为可保的风险。

巨灾补偿基金的典型运作模式如图2-1所示：

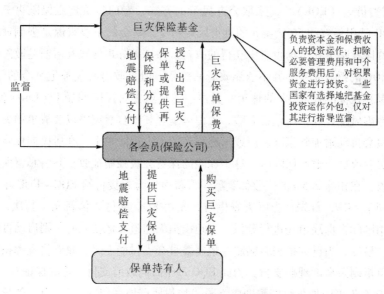

图 2-1　巨灾保险基金运作模式

综合以上分析，巨灾保险基金的特点有：①专门机构专项管理。巨灾保险基金是专门针对巨灾风险的分散转移而设立的组织形式，通过广泛积累资金，实现巨灾风险的跨时期、跨地域分散。②以巨灾保险为基础，主要通过收取保费收入形成资金池，对保险业的成熟度有一定依赖。③不论是政府出资组建，还是民营保险公司共同组建，以及政府是否提供最后的担保，都需要政府通过立法等形式给予政策性的支持，包括财政补贴、税收支持、强制保险等。④充分利用资本市场，实现资金的保值增值。⑤在灾后巨额保险补偿中起到了至关重要的作用，是维护保险公司健康有效运营的重要保证。

然而，根据设立巨灾补偿基金的要求，巨灾保险基金并不适合作为拟建立的巨灾补偿基金的基础，这是由我国的国情和巨灾风险的特殊性所决定的：

第一，我国的保险深度和密度都很低，保险业技术条件也较为落后，行业承受巨灾风险的能力弱，而巨灾保险从模型设定分析，费率厘定到定损补偿，都需要较高的专业技术和成熟的内外部环境，在我国设立巨灾保险体系需要过程。

第二，即使国家资助或者全资成立巨灾保险基金，由于我国的地域宽广、人口众多且巨灾频繁，不论实施强制性还是半强制性的巨灾保险，灾后巨额的赔款也将给国家财政带来巨大的压力，我们看到的其他国家和地区之所以能够在建立巨灾保险基金后持续发展，一个共同的特点是这些国家和地区相对我国国土面积或人口规模都要小很多。

第三，巨灾保险存在着较强的道德风险。道德风险的存在使得保险人疏忽或有意减少对巨灾的防范，降低了事前防控的效率，虽然一些国家在巨灾保险中规定了保险人保巨灾险应具备的条件（如，地震险中对房屋建筑的质量要求等），但道德风险仍然存在，承保人无法获得保险人获得保险后的更多后续信息。

第四，巨灾保险涉及的损失评估系统和理赔机制比一般的保险更为复杂，而灾害发生后为了应对必要的生活开支急需大量资金，巨灾保险无法满足资金迅速到位的要求。

第五，保险保单不同于证券投资工具，具有较低的流动性和灵活性。投资人选择了保险，虽然得到了风险的转移，但一旦到期可能得不到任何回报，同时，保单一旦购买无法转让，保单持有人缺乏收益获取和风险承担之间的自主选择，尤其在我国国民保险意识较为淡薄的情况下，更大地降低了巨灾保险的吸引力。虽然国家可以实施强制性或半强制性的巨灾保险，但这种非市场化的干预可能带来社会福利的无谓损失。

由此，我们认为，针对我国当前的实际情况，我们还缺乏直接照搬国外的保险基金的巨灾保险基础，而巨灾风险随时都可能发生，我们也不可能一直等到我国巨灾保险充分发达后，才考虑如何应对巨灾风险的问题。所以，我们必须建立一种可以跳过保险环节，直接通过资本市场实现巨灾风险的转移分散的新型基金。

2.4.2　我国社会保障储备基金

社会保障基金是根据国家有关法律、法规和政策的规定，为实施社会保障制度而建立起来的专款专用的资金。社会保障基金一般按不同的项目分别建立，如社会保险基金、社会救济基金、社会福利基金等。目前，我国社会保险基金分为养老保险基金、失业保险基金、医疗保险基金、工伤保险基金和生育保险基金等。其中养老保险基金数额最大，在整个社会保险制度中占有重要地位。按照账户设置和资金来源，我国的社会保障基金包括以下四个方面：一是目前各省市区掌握的"社会统筹与个人账户相结合的"社会统筹部分的基金，主要来源于企业缴费，资金现收现付；二是"统账结合"中个人账户上的资金，主要来源于职工个人缴费，资金完全积累；三是包括企业补充养老保险基金（也称"企业年金"）、企业补充医疗保险在内的企业补充保障基金，资金完全积累，主要用于职工本人退休后使用；四是社会保险基金中属于中央政府管理的全国社会保障基金（以下简称全国社保基金），这是中央政府集中的国家战略储备基金，由中央财政拨入资金、国有股减持或转持所获资金和股票、划入的股权资产、经国务院批准以其他方式筹集的资金及其投资收益构成。该基金专门用于今后可能发生的各项社会保障支出，其性质是为了应付我国即将面临的人口老龄化高峰的压力而建立的储备基金，用于填补今后我国社会保障体系的资金缺口。从严格意义上说，社会保障基金是指具有积累性质的基金。在我国，社会保险中的失业保险、工伤保险、生育保险等项目，以及社会福利基金、社会救济基金、社会优抚基金一般采取现收现付制，并不用于资本市场投资增值，因此，可以将其资金收支过程视为单一的财政过程，而真正意义上的社会保障基金，主要是指投资于资本市场的基金和账户。因此，本书所要讨论的社会保障基金主要针对由全国社会保障基金理事会管理的带有储备性质的基金。

我国的全国社会保障基金由全国社保基金会受托管理。社保基金会全国社会保障基金理事会（简称：社保基金会）是国务院直属事业单位，经费实行财政全额预算拨款。其主要职责为受托管理全国社保基金、基本养老保险个人账户基金和原行业统筹企业基本养老保险基金，根据财政部与人力资源和社会保障部共同下达的指令和确定的方式拨出资金，制定基金的投资经营策略并组织实施，在规定的范围内对基金资产直接投资，挑选、委托专业性的资产管理公司进行投资运作以实现保值增值，定期向社会公布基金资产、收益、现金流量等财务情况，承办国务院交办的其他事项等。可见，我国的社会保障储备基金由社保基金会直接运作与社保基金会委托投资管理人运作相结合，委托投资管理人管理和运作的基金资产由社保基金会选择的托管人托管。对资产结构实行比例控制。基金资产独立于社保基金会、全国社保基金投资管理人和托管人的资产以及基金投资管理人管理和托管人托管的其他资产，基金与社保基金会在财务上分别建账，分别核算。

我国社保基金的运行模式如图2-2所示：

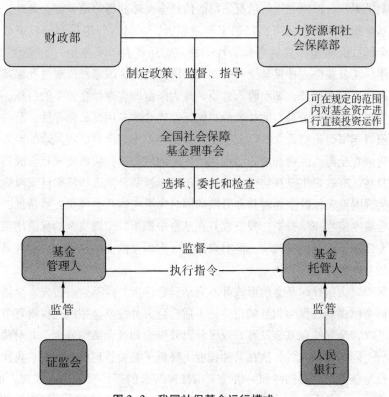

图 2-2　我国社保基金运行模式

　　根据以上介绍可以归纳出全国社保基金的特点是：①法定性和强制性。全国社保基金是根据法律建立起来的，法律法规明确规定了基金的性质、来源、筹集、运营和监管等。②保证性和专款专用性。全国社保基金是一种福利基金，用以保障社会中由于生、老、病、伤等各种原因失去生活来源的社会成员的基本生活，由政府所属的社会保障机构按政策规定进行科学管理，专款专用，不得挪用。③社会性和储存性。社会保障是一项社会制度，全国社保基金的筹集和使用都在社会范围内进行，通过法定的扣除、缴纳和储存，然后进行分配和使用。全国社保基金运行的社会性，使得其与企业基金、投资基金相比，对社会的影响力要大得多。一方面，全国社保基金的运行要受到社会、经济、政治、文化、人口等众多因素的影响；另一方面全国社保基金的运行也会对国民收入分配和再分配、社会生产、社会生活以及国家财政产生重大影响。同时，全国社保基金的储存性特征意味着，这部分基金一旦形成，除增值目的外，不能投资于高风险投资工具，同时投资本金和收益不用于分配，而是继续在基金中累积，以便在任何情况下都能使社会保障获得物质保证。此外，全国社保基金积累的增长还可提高国家财政能力，应付意外事件和突发事故。因此，全国社保基金不仅具有储备性的特点，还具有"蓄水池"和"调节器"的作用。④公益性。社保基金具有互助共济的性质，国家可以通过社保基金对收入进行影响和调节，缩小收入差距，最大限度地实现社会公平的目标。

全国社保基金所具有的社会性、保证性、专款专用性、储存性、公益性等特点值得本书讨论拟设立的巨灾补偿基金借鉴。专门应对巨灾风险的巨灾补偿基金应该在全国范围内开展，实现风险的跨地域分散；应该使全社会成员都能公平参与，有效聚集全社会资金，从而迅速增强基金实力和抵御巨灾风险的能力，实现对巨灾风险全面转移和分散的同时为受灾的社会成员提供帮助；筹集的基金资本应当谨慎投资，投资收益在基金中积累，实现资金的保值增值；基金应专门用于应对巨灾风险，同时有国家一定程度的支持扶助；公益性是拟设基金的基本目标之一。

然而，全国社保基金的形式并不完全适合巨灾补偿基金。首先，全国社保基金以全民强制性保险为基础设立，不适合巨灾补偿基金拟跳过保险环节的设定；其次，全国社保基金没有有效区分财政资金和社会缴纳资金，并对两类资金实行不同的管理方式，这在某种程度上降低了基金管理的透明度；再次，巨灾补偿基金要求的流动性和灵活性全国社保基金的运作模式无法实现；最后，对于全国社保基金强制性征收的特点，拟建立的巨灾补偿基金更倾向于非强制参与，让社会成员充分自主地进行选择，只是根据实践中后期条件发展成熟后，可尝试采用家庭强制购买一定数量基金份额，企业自愿购买，家庭也可再额外购买，对于强制购买的给予较高的补偿倍数，自愿购买及额外购买的给予较低的补偿倍数。

全国社保基金的运作在很大程度上体现了政府的参与，统筹管理社会资金，这为巨灾补偿基金中政府资金如何参与和管理提供了思路，然而，其所具有的强制性等特点不能满足巨灾补偿基金商业性的要求，巨灾补偿基金不能完全复制全国社保基金的运作模式。

2.4.3 证券投资基金

证券投资基金是一种利益共享、风险共担的间接集合投资方式，是通过发行基金单位，集合投资者的资金，由信誉良好的金融机构作为托管人保管所募集资金，同时委托具有专业知识和投资经验的专家进行管理和运作，从事股票、债券等金融工具投资的专业投资方式。基金投资者（持有人）通过购买证券投资基金间接投资于证券市场。

　　不论是何种类型的证券投资基金，一般包括四个主要当事人：基金投资者（或称基金持有人）、基金发起人、基金管理人、基金托管人。一般情况下，基金发起人本身就是基金管理人，或者是基金管理人的控股股东，基金持有人相当于直接委托基金管理人进行投资。当然，在不同类型的组织结构和治理模式中，各个当事人的权责会有较大差异，在后文会分别进行论述。

　　证券投资基金相较于其他基金形式其特征主要体现在以下几个方面：①商业性。证券投资基金不论是公司型还是契约型的组织模式，都是追求利润最大化的商业组织。它是一种利益共享，风险共担的集合投资方式，根本目的在于控制风险最小的前提下追求最大收益，投资人可根据自身需要进行自愿选择。对证券投资基金的运作，政府不会直接干预，仅进行必要的政策制定和外部监督。②专业化投资。由于证券市场易受政治、经济以及发行主体各个层次众多因素的错综复杂的影响，一般投资者限于商业知识、精力、信息等的不足而难以取得理想的收益。投资基金的专业管理人员通常受过专门训练，具有丰富的投资经验和娴熟的投资技巧，同时，投资的基金管理机构的经营所需，会把财力物力专注于信息的获取和投资策略的研究，从而具有一定的信息优势，会比一般的投资者能取得更好的投资收益。③投资的规模经济。投资基金汇集众多投资者的资金，总额庞大，在买卖证券时，在数量和金额上会占有一定优势，极大地降低了交易成本；④组合投资与分散风险。投资的准则之一是"不能把所有鸡蛋放在一个篮子里"。投资基金将汇集起来的资金分散投资于不同地区、不同行业的多种股票、债券、期货等金融工具上，可以最大限度地降低风险。⑤小额投资，灵活选择。投资者可以根据自己的实际情况，多买或少买基金单位，为中小投资者解决了"钱不多，入市难"的问题。

　　证券投资基金的这些特点很大程度上满足了巨灾补偿基金商业性的要求，商业化的运作模式可以增强基金吸引力，提高基金运作效率，尤其是内部治理的效率。巨灾补偿基金不仅有财政资金投入，同时还要吸引社会资金，投资者对一种投资工具的选择主要会考虑这三个方面：盈利能力、风险、流动性，所以巨灾补偿基金要以获取投资收益为目标之一，为此，它必须具有商业化的运作模式。并且，这一基金要比商业保险更具有灵活性、流动性，从而更有吸引力。此外，从国有企业改革中可以看到，政府不当、过份干预下的管理和投资在一定程度上会降低运营的效率，所以，这一基金必须通过适当的商业化治理模式来降低或隔离政府的介入，以提高社会资金和财政资金的投资效率。因此，巨灾补偿基金的内部治理会在很大程度上参考证券投资基金的治理方式，取其精华去其糟粕，寻找到适合本基金的模式。然而，巨灾的特点决定了巨灾补偿基金必须有政府的参与，该基金应当具有的公益性特点是证券投资基金无法实现的，所以，纯粹地照搬证券投资基金的运作模式并不可行。

综合以上分析，巨灾补偿基金的建立，一方面集合国家、企业和个人的巨灾风险资金予以专业化管理，降低全社会的巨灾风险，要求具有公益性的特点；另一方面需要用商业化的运作方式，通过资本市场、国际保险市场、再保险市场转移和分散风险。它同时具有证券投资基金、社会保障基金和巨灾保险的特点，又区别于证券投资基金、社会保障基金和巨灾保险。

前文已经讨论了大多数国家应对巨灾风险所采用的保险或保险基金并不适合我国国情，跳过保险环节直接参与资本市场是本书的选择。根据建立巨灾补偿基金的要求，因为对基金的购买不具有强制性，要使基金对投资者有吸引力，提高基金的运作效率，巨灾补偿基金必定要选择商业化的运作方式，在追求利润的同时分散巨灾风险，所以，它的运作更接近证券投资基金，同时，由于兼具公益性，巨灾补偿制度要求具有一定的公共性、政府支持的背景和政策性倾向，巨灾补偿基金需要具有社会保障基金的某些特征。这就要求巨灾补偿基金需要同时参考证券投资基金和社会保障基金的运作模式，并有效地进行融合。

巨灾补偿基金采用商业化的管理方式，其运作类似于证券投资基金，但是由于存在补偿性这一公益性的特性，会与证券投资基金有所区别，在设定巨灾补偿基金组织结构时，会以证券投资基金的组织结构为基础。

2.5 巨灾补偿基金的类型选择

证券投资基金按其法律基础和组织架构来划分，可以分为公司型基金和契约型基金。按基金份额能否赎回可以分为开放式基金和封闭式基金。下面将对这两种类型进一步探讨。

2.5.1 公司型与契约型基金的选择

公司型基金在组织上是指按照公司法规定设立的、具有独立法人资格并以盈利为目的的证券投资基金公司（或类似法人机构）；在证券上是指由证券投资基金公司发行的证券投资基金证券，公司型证券投资基金证券实际上是证券投资基金公司的股票。契约型（信托型）基金在组织上是指按照信托契约原则，通过发行带有受益凭证性质的基金证券而形成的证券投资基金组织；在证券上是指由证券投资基金管理公司作为基金发起人所发行的证券投资基金证券。这里主要从组织形式上介绍两种基金形式。

（1）公司型基金

公司型基金（corporate fund）是由基金管理公司（投资顾问公司）和其他发起人共同发起并依据公司法组建的股份有限公司，基金公司通过发行股票或受益凭证的方式来筹集资金，投资者购买了该公司的股票，就成为该公司的股东，凭股票领取股利或利息，分享投资所获得的收益并承担相应风险。公司型基金通常没有自己的雇员，只设立一个基金董事会来代表基金持有人利益并维护基金持有人权益，基金的各项事务主要委托其他公司完成。其中，基金的投资运作和日常的行政管理主要是通过信托机制委托给基金管理公司（投资顾问公司），基金资产的保管和监督主要是通过信托关系委托给商业银行等基金托管人负责，基金销售则通过契约选择主承销商组织进行。一家基金管理机构可以同时管理多只不同种类的证券基金。公司型基金主要的特点是，它存在一个代表并维护基金持有人权益的独立法人机构——基金公司，而在契约型基金中没有这个机构。

目前，公司型基金在美国发展最为成熟，称为共同基金，其他国家和地区，如香港的互惠基金、英国的投资信托也为公司型基金。以美国公司型基金为例，简要介绍其组织结构。

公司型基金以公司法为基础，同时还受《投资公司法》等专门的法律约束。根据这种法律关系，公司型基金的运作包括下列当事人：

①基金投资者（investor）：亦称基金持有人（shareholder），以购买基金份额的方式成为投资公司的股东，具有与一般公众持股公司的股东相同的地位和权利义务。

②基金公司：亦称投资公司（investment company），就是基金本身。它是按照《公司法》和《投资公司法》的要求组建的具有独立法律人格的组织。公司型基金的主体就是投资公司，它是一种基金股份公司。

③基金管理人（fund manager）：亦称投资顾问，基金管理人受投资公司的委托代为办理所有与基金资产经营有关的业务。基金管理人按照基金章程的约定，经营管理基金资产，以达到基金资产增值的目的。

④基金托管人（custodian/depositary）：投资公司委托托管人代为保管基金资产，它是基金资产的名义所有者，设立基金托管人的目的主要是防止基金管理人任意挪用基金资产，保障基金资产的安全。基金托管人除了负责安全保管

基金资产外，还负责接收基金管理人的投资指令，配合基金管理人办理基金资产的清算交收、分红派息业务。对于开放式基金，基金托管人也可办理过户代理业务。

⑤主承销商（principal underwriters）：是指直接或间接地提供基金股份给经纪人或投资者的组织。

⑥行政管理（administrator）：主要是为基金提供行政管理服务，它可能是一家与基金有关联的投资顾问公司，也可能是其他无关的第三方。服务内容主要包括监督为基金提供服务的其他公司的服务绩效，保证基金合法运营等。通常会承担为美国证券交易委员会（SEC）、税务当局及持有人提供相关文件的职责。

⑦登记清算机构（transfer agent）：主要职责是执行交易指令、保存交易记录、持有人账户，计算与派发分红与资本收益，并为持有人寄送会计报告、联邦所得税文书以及其他持有人应得到的文件。

⑧独立公共会计师（independent public accountant）：主要为基金的财务报告提供签证服务。

从约束机制看，在公司型证券投资基金中，集合投资的决策权集中在基金董事会，由基金董事会最终负责证券投资基金的协调和管理。一方面，董事会直接约束着基金管理人和基金托管人的行为，基金管理人或基金托管人如若违反契约的有关规定或是运营效率低，董事会可随时予以更换；另一方面，董事会又通过基金托管人监督着基金管理人的运作，同时，还可以通过聘请外部审计来约束基金管理人和基金托管人的行为；此外，董事会还可以将基金资金分别委托不同的基金管理人管理运作来促使这些基金管理人提高经营业绩，以形成这些基金管理人之间的竞争约束。

一般认为，美国的共同基金是最利于保护投资者的基金治理安排，这一安排的核心就是以独立董事为核心、以控制关联交易为重点的基金治理制度。共同基金的投资公司董事会中有两种董事，一是利益相关董事（称之为内部董事），通常是基金管理公司的雇员；二是独立董事，与基金管理公司或主承销商没有任何的利益关联。独立董事代表基金持有人利益，可以根据基金运作的实际情况及时作出判断，并对基金管理人施加影响。立法规定，要求基金公司董事会中75%的董事必须是独立董事，并赋予独立董事特殊的权利。这很好地解决了投资顾问是投资公司的发起人及原始资本投入者的利益冲突问题。

（2）契约型基金

契约型基金（contract fund）是指把投资者、管理人、托管人三者作为基金的当事人，通过签订基金契约的形式，发行受益凭证而设立的一种基金。由基金经理人（即基金管理公司）与代表受益人权益的信托人（托管人）之间订立信托契约发行受益单位，由经理人依照信托契约从事信托资产管理，由托管人作为基金资产的名义持有人负责保管基金资产，对基金管理人的运作实行监督。它是基于契约原理而组织起来的代理投资行为，没有基金章程，也没有董事会，而是通过基金契约来规范三方当事人的行为。它具有典型的信托特点，其本身不具有法人资格。因此，在境外，这类投资基金在其名称中一般带有"信托"字样，如日本、韩国和我国台湾地区称为证券投资信托，英国和我国香港地区称为单位信托等。目前，中国运作的基金都是契约型基金，基金份额持有人以委托人和受益人的双重身份出现，基金管理公司与托管人是共同受托人，其组织结构相对比较简单。

在我国的契约型基金中，对基金管理人投资运作的监督主要通过托管人和基金持有人大会实现。虽然《证券投资基金法》规定：基金持有人可以召开持有人大会，罢免基金管理人和托管人。但是由于基金持有人十分分散和"搭便车"的心理，基金持有人大会形同虚设。同时，基金发起人本身就是基金管理公司或管理公司的大股东。一方面，管理人和发起人身份重合，就相当于基金管理人既充当招标人又充当投标人；另一方面，作为基金发起人的基金管理人，有权决定基金托管人的选聘，经过证监会和人民银行的批准，还有权撤换基金托管人，从而导致托管人监督的软弱性。

（3）公司型基金与契约型基金的比较。

公司型基金与契约型基金的不同点主要有以下几个方面：

①法律依据不同。公司型基金是依《公司法》成立的，具有法人资格，其依据基金公司章程营运基金，同时还需遵守基金法规的要求。契约型投资基金是依据信托契约组建的，故而不具有法人资格，其依据基金契约营运基金，各参与者之间的权利与义务及基金的运作，必须遵守基金信托契约和信托法的规定。

②资金的性质及融资渠道不同。公司型基金的资金是通过发行普通股票筹集起来的，为公司法人的资本，同时，由于公司型基金具有法人资格，可以向银行申请贷款，对公司扩大资产规模较为有利。契约型基金的资金是通过发行受益凭证筹集起来的信托财产，契约型基金不具备法人资格，在向银行贷款方面受到诸多限制。

③投资者的地位不同。公司型基金的投资者即是基金公司的股东，通过股东大会享有管理基金公司的权力；信托型基金的投资者通过购买基金受益凭证

成为基金信托契约的实际当事人，对基金资产的管理没有发言权。

④运营成本不同。一方面，契约型基金中，基金投资和托管外包，基金管理公司按照投资协议去管理，自由度较大，受到外部的干扰小，经营成本和经营效率可能更高。而公司型基金，要对董事会成员进行补偿，当然这一补偿对于基金总资产或收益来说比例很小。另一方面，在公司型基金中，董事会有较大的权力，而基金董事是由基金管理公司或其附属机构提名的，基金管理者会试图劝说影响基金董事，如果尝试失败，成本则由基金支付，如果成功，基金投资者则要为不良决策和执行质量的下降付出成本。同时，公司型基金提供了投票权和选举权，有集体决策机制，由于各人的偏好不一样，这种集体选择机制与契约型的基金决策机制相比有着更高的成本。在契约型基金下，基金监督人的角色交给了基金托管人和基金监管部门，虽然没有直接增加基金投资者的成本，但社会成本是增加的，可能会通过另外的方式最后转嫁到基金投资人身上。

⑤内部治理机制不同。这是公司型基金与契约型基金的主要区别所在。以美国为代表的共同基金的内部治理主要围绕着投资公司的独立董事制度展开，法人治理结构上有结构清晰、相互制衡的优势。而我国的契约型基金的内部治理由于缺乏法人实体，主要围绕基金管理公司的内部治理展开，通过建立托管人制度以监督基金管理公司。一般认为，公司型基金的独立董事监督是及时且有弹性的，能及时防止基金经理人做出有损于基金资产的行为。而在契约型基金中，赋予基金托管人的监督权是基于不完全契约产生的，使得基金托管人遇到合约中未规定的情况时不能灵活处理。并且在很多情况下，基金托管人都是由作为基金发起人的基金管理公司来委托的，基金托管人为了利益关系而难以认真监督。而在公司制下，独立董事由于与基金管理公司没有直接或间接的利益关系，更能担负好监督的职责。然而，契约型基金并没有因为公司型基金的发展而退出竞争。事实上，契约型基金只要强化基金监督同样可以起到保护投资者利益的作用，比如，强化托管人的监督功能，强化持有人在选择托管人中的作用，改善基金管理公司的董事会结构，强化市场压力等。

就两类基金的共性而言，无论是公司型基金，还是契约型基金，都涉及投资者、管理人、托管人、相关代理人四个当事人，都是募集公众的资金交由专业的基金管理公司去管理，由托管人保管，相关代理人提供相关服务。它们都是集合投资方式，运作的原理也基本相同，由专家理财，投资所获得的收益最终由投资者享有。从世界基金业的发展趋势看，公司型基金除了比契约型基金多了一层基金公司组织外，其他各方面都与契约型基金有趋同化的倾向。另外，也有学者认为，证券投资基金的组织结构可以从法律角度和经济角度这两个方面来考察。从法律角度来看，由于各国基金的法律结构大不一样，基金组织结构的法律依据和基金形态也不同；但从经济角度来看，不同形态基金的组织结构具有高度一致性，即均由基金管理人、基金受托人、基金持有人等几方当事人组成，而且之间的职能分工与运作机制基本类似。可以说，法律意义上的组织结构是形式上的，经济意义上的组织结构是实质上的，投资基金组织结构具有"殊途同归"的特点。

虽然国际上公司型基金和契约型基金并存，单从理论上也无法区分孰优孰劣，但很多原以契约型基金为主的国家也开始仿效美国的共同基金模式，似乎反映了公司型基金的优势。与此同时，我国的许多学者也积极倡导发展公司型基金。公司型基金的核心是独立董事制度，通过赋予独立董事重大权利，来制约管理人维护投资者权益。独立董事占主体的董事会制度能保证其较高的独立性，既能克服基金持有人大会召集难的问题，又可以避免基金托管人对基金管理人过度依赖，在制度设计上最大限度保护基金投资者权益。而契约型基金中的绝大部分基金持有人大会成为摆设。由于基金的高度分散持有以及个体专业知识的局限和相关制度缺失，基金持有人参与基金治理的积极性缺乏。另外，基金托管人对基金管理人的监督不力。基金托管人具有专业性的监督条件，其监督对于保护投资者尤为重要，但实践中基金托管人并无监督基金管理人的动力。虽然立法上为了保证监管必需的独立地位做了大量规定，排除两者关联关系，但是基金管理人和基金托管人具有事实上的选任关系，基金管理人在经济上制约和虚置了托管人的监督职责。由于公司型基金是公司和信托相结合的产物，因此公司型基金的发展取决于公司和信托的发展状况，就经济环境而言，中国已孕育了公司型基金发展的基本经济环境。首先，从 1984 年年末、1985年年初中国企业改革开始，中国经历了三十多年的发展，已形成产权清晰、权责明确、管理科学的公司制度。其次，中国的资本市场正在蓬勃发展，中国的证券市场已建立信息披露制度，机构投资者已有设立公司型基金的冲动。巨灾补偿基金设立的主要目的是让广大受灾群众受益，应更加突出保护投资人的权益，公司型基金有科学合理的治理结构，建议选择公司型基金。

2.5.2 开放式、封闭式与半开放式

开放式基金是指基金份额总额不固定，基金份额可以在基金合同约定的时间和场所申购或者赎回的基金，其设立没有存续期限的限制，理论上能够无限存续。由于有随时赎回的压力，开放式基金的投资具有更高的流动性。开放式

基金的价格是根据基金净资产价值加一定手续费来确定的，基金资产总额会随基金单位总数的变动而变化。开放式基金有收费基金（Load Fund）与不收费基金（no-load fund）两种类型。不收费基金直接按照净资产价值出售给投资者，而收费基金则还要在基金净资产价值上加一定的销售费用。

封闭式基金是指经核准的基金份额总额在基金存续期限内固定不变，基金份额可以在依法设立的证券交易场所交易，但基金份额持有人不得申请赎回的基金。由于封闭式基金不必随时准备现金资产以应付投资者的赎回要求，因而可以进行相对长期、稳定的投资。封闭式基金的价格虽然以基金净资产价值为计算基础，但通常情况下，交易价格或高于基金净资产价值（溢价）或低于基金净资产价值（折价），但更多的则是反映了证券市场的供求关系。随着存续期满，基金退出市场。我国封闭式基金和开放式基金的比较，如表2-1所示。

表2-1　　　　　　　我国封闭式基金和开放式基金比较

	封闭式基金	开放式基金
基金存续期限	有固定的期限	没有固定期限
基金规模	固定额度，一般不能再增加发行	有最低的规模限制，规模不固定
赎回限制	在期限内不能赎回基金，需通过上市交易套现	可以随时提出购买或赎回申请
交易方式	深、沪证券交易所上市交易	基金管理公司或代销机构网点（主要指银行等网点）申购或赎回
基金交易价格	交易价格主要由市场供求关系决定，所以价格不完全反映基金资产净值，常有溢价或折价	价格依据基金的资产净值而定，没有溢价或折价
分红方式	现金分红	现金分红、再投资分红
费用	交易手续费：成交金额的2.5‰	申购费：不超过申购金额的5%　赎回费：不超过赎回金额的3%
投资策略	没有赎回压力，无须提取准备金，能够充分运用资金进行长期投资，取得长期经营绩效	有赎回压力，必须保留一部分现金或流动性强的资产，进行长期投资会受到一定限制。并且须比封闭式基金更重流动性等风险管理，要求基金管理人具有更高的投资管理水平
信息披露	基金单位资产净值每周至少公告一次	单位资产净值每个开放日公告

封闭式基金和开放式基金在现实中的运用越来越模糊，出现了介于二者之间的半开放式、半封闭式基金和上市型开放式基金。

ETF（exchange traded fund），交易所交易基金，又被称为部分封闭的开放式基金或者部分开放的封闭式基金。在国外，关于 ETF 的定义有很大的分歧：有的观点认为实物换股、完全被动的指数型基金才能称为 ETF；而有的则把只要是在交易所交易的都叫 ETF。这里所指 ETF 为前者。它是一种跟踪"标的指数"变化，且在交易所上市的开放式基金，投资者既可以向基金管理公司申购或赎回基金份额，同时，又可以像封闭式基金一样在证券市场上按市场价格买卖 ETF 份额。但是 ETF 的申购可以用现金或一篮子股票买进基金份额，而赎回时投资者得到的是一篮子股票而非现金，这是 ETF 有别于其他开放式基金的主要特征之一。

LOF（listed open-end fund），也称上市型开放式基金。这是一种既可以在交易所上市交易，又可以通过基金管理人公司或其代销机构网点以基金净值进行申购、赎回的开放式证券投资基金。被业内认为是既可以避免封闭式基金大幅折价又能降低开放式基金发行成本的一种基金形式。

LOF 的特点，可从图 2-2 我国社保基金运行模式中清楚地看到：①LOF 实质上是在传统开放式基金原有销售渠道的基础上增加了二级市场这一流通渠道。投资者在享受到交易便利的同时，还能获得比开放式基金成本更低、交易的手续费也比在其他代销网点低的优惠。但是转换基金份额交易场所，必须办理转托管手续。②LOF 基金的持有人可自行选择场内交易或场外交易两种交易方式。由于上市基金的份额采取分系统托管原则，托管在证券登记系统中的基金份额只能在证券交易所集中交易，托管在中国结算的注册登记系统（TA）的基金份额只能进行认购、申购、赎回，因此基金持有人交易方式的改变必须预先进行基金份额的市场间转托管。LOF 基金权益分派由证券登记系统和 TA 系统各自分别进行，证券登记系统只存在现金红利权益分派方式，TA 系统存在现金红利和红利再投资两种权益分派方式。③为投资者带来新的跨市场套利机会。由于在交易所上市价格由 LOF 的市场供求决定，又可以办理申购赎回，按照申请提出当天的基金净值结算，所以二级市场的交易价格与一级市场的申购赎回价格会产生背离，由此产生套利的可能。当 LOF 的网上交易价格高于基金份额净值、认购费、网上交易佣金费和转托管费用之和时，网下买入网上卖出的套利机会就产生了。同理，当某日基金的份额净值高于网上买入价格、网上买入佣金费、网下赎回费和转托管费用之和时，就产生了网上买入网下赎回的套利机会。但是，目前转托管很不灵活，公开性不太好，交易都有时间限制，实际上 LOF 套利是一种投机性套利，而不是正常意义上没有风险的套利。

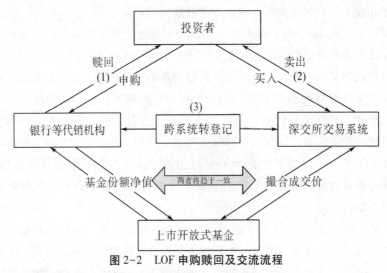

图 2-2　LOF 申购赎回及交流流程

图示说明：

（1）投资者通过银行等代销机构以当日收市的基金单位份额申购、赎回基金份额；

（2）通过深交所交易系统投资者按撮合成交价买入、卖出基金份额；

（3）投资者如需将在深交所交易系统买入的基金份额转入银行等代销机构赎回，或将在银行等代销机构申购的基金份额转入深交所交易系统卖出，需要办理跨系统转登记手续。

在我国，2004 年 6 月 ETF 获国务院认可、证监会核准，在上海证券交易所推出。同年 8 月深圳证券交易所推出上市开放式基金业务，并公布了《深圳证券交易所上市开放式基金业务规则》。截至 2009 年 3 月初，市场有 LOF 基金 27 只，ETF 基金 5 只。

尽管 ETF 和 LOF 同属上市型开放式基金，但是从市场上已有的 LOF 产品和 ETF 的设计来看，它们的主要区别在于：

ETF 为市场提供了一种成本低、流通性高、跟踪误差低的指数化投资工具，所以是一个全新的基金产品，是金融创新的产物，而 LOF 则是开放式基金交易方式上的创新，其本身并不是一种基金产品，只是为开放式基金增加了一个交易平台，今后所有开放式基金均可采取在交易所上市的这一方式。

ETF 本质上是指数型的开放基金，是被动管理型基金，而 LOF 则是普遍的开放式基金增加了交易所的交易方式，它可能是指数型基金，也可能是主动管理型基金。

ETF 的申购、赎回的起点很高，其投资者一般是较大型的，如机构投资者和规模较大的个人投资者，而 LOF 申购赎回的起点低，任何投资者均可进行。

ETF 的一级市场是以一篮子股票进行申购和赎回，而 LOF 在一级市场就像现在的开放式基金一样，实现现金的申购和赎回。

LOF 需要跨系统转登记，套利至少要 3 天的时间，需要承担的风险较大，投资者一般不会轻易进行套利；而 ETF 的套利可以在一天内完成，风险较小，因此，尝试 ETF 套利的投资者较多。

根据设立巨灾补偿基金的要求，虽然封闭式基金能满足基金规模稳定性和上市交易从而获得流动性的要求，但可持续性排除了这一模式。开放式基金虽然能满足可持续性和筹资广泛性的要求，但无法上市交易，而且基金规模不固定，不便于基金管理，基金投资为了获得更多的流动性不得不损失部分收益能力。由于 LOF 的交易模式同时具有了封闭式基金和开放式基金的特点，是巨灾补偿基金交易模式的首选，不仅使巨灾补偿基金可以通过基金网点申购和赎回，而且可以在证券交易所自由买卖，极大地提高了基金流动性和灵活性的同时也解决了可持续性的要求。但是，鉴于巨灾补偿基金内在要求的稳定性，以及有税收优惠和政策上的扶持，为了避免动机不纯的投机者用这一基金作为避税或谋取不当利益的工具，该基金在 LOF 的基础上应该实行有条件的赎回机制，即以扣除税收优惠和政策扶持后的基金资产净值赎回。综上所述，拟建立的巨灾补偿基金的社会资金账户部分从证券投资基金的角度上分析，类似于公司型半开放式基金。

2.6　巨灾补偿基金的管理架构

中国巨灾补偿基金公司的运作和管理架构，如图 2-3 所示，以下分别就相关职能部门及其目标与职责等进行讨论。

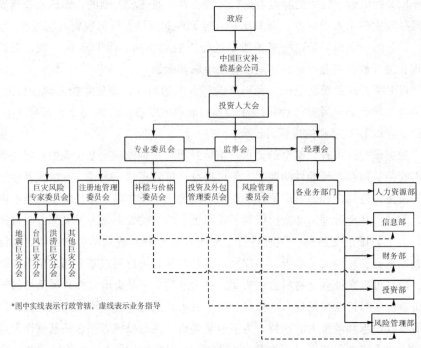

*图中实线表示行政管辖，虚线表示业务指导

图 2-3　巨灾补偿基金运作机制

2.6.1　基金资本金及股份安排

该基金的初始资本，可以借鉴新西兰和我国台湾地区地震补偿体系，由政府出资，核心是成立中国巨灾补偿基金公司，负责巨灾补偿基金资金的筹集、运用、投资和分配等工作。在股份上，属全资国有公司。

之所以将基金公司设计为全资国有公司，是因为基金公司本身的损益，只计算政府账户的损益，而社会账户是独立核算的。政府一方面从社会账户的利润分成中获得收益；另一方面，也从政府的直接出资资金及政府账户获得的利润分成收益的投资中获得收益。而一旦巨灾发生，将从政府账户出资进行补偿。这个"盈亏包干"，既要考虑公益性补偿，又要承担商业性补偿责任的"兜底"角色；既是政府的职责所在，也只有政府才具备这样的实力和能力担当这个角色。

这样的安排，还有一个原因，是为了将政府在巨灾风险应对中的公益角色和基金公司商业化方式之间设立必要的防火墙。补偿工作，包括公益性和商业性补偿的工作，均由政府账户出资，也是由政府作为最后的责任人；社会投资人账户，只是积累资金，赢取收益并将部分收益贡献给政府账户作为巨灾发生时补偿资金的来源，而不需要额外承担其他责任，特别是最后责任。

2.6.2　巨灾补偿基金公司职能界定

基金公司的基本职能，一是负责基金公司本身的正常运转，包括公司的内部治理、业务管理、组织结构的完善等。公司型基金区别于契约型基金的很大一点就在于基金公司的存在，公司型基金按照公司法成立的基金公司负责公司内的日常事务，具有法人资格。其基本职能包括拟定公司章程、制定公司发展目标和战略、基金份额合约的设计、机构和部门的设置及职能定位、人事的聘用和管理，与基金管理人和基金托管人形成信托关系，将资金的运作管理及监督交由基金管理人和基金托管人。

二是以多种方式为巨灾补偿基金筹集资金，包括发售基金份额、发行巨灾债券、发行巨灾福利彩票等。投资者通过购买常年发行的基金份额成为基金持有人，既是基金的受益者，也是基金公司的股东，享有对公司重大事项的表决权和决策权。基金公司按照基金份额合约的设计，采用网上发行、网下发行、常年发行三种方式向社会募集资金。还可以采用多样化的方式来吸引投资者，如巨灾债券和福利彩票的发行，最大化地为巨灾补偿基金筹集更多的后续资金，便于统一投资和管理。

三是统一管理政府账户和社会投资人账户的资金，负责基金资金的安全性、收益性和流动性管理。政府账户和社会投资人账户的资金是相互独立又相互联系的，前者是按政府相关目标进行管理，后者是以商业标准进行管理。在灾害没有发生时，基金的投资收益需支付巨灾债券的利息和本金，同时又要为将来可能发生的巨灾积累资金；在巨灾发生时，政府账户的资金要用来对基金持有人进行补偿，因此必须保证资金的安全性；流动性是指投资能够迅速变现，以保证基金支付的需求。在保证安全性和流动性的前提下，追求收益的最大化。

四是负责完成政府账户和社会投资人账户的独立核算和利润分配。政府账户和社会投资人账户均由巨灾补偿基金公司统一进行投资管理，以期在一定的风险水平下获得投资收益，但两个账户是分别独立核算的。两个账户间的关系为，社会资金账户每月的投资收益，将按一定的比例转移给政府账户，以换取巨灾发生时，受灾的基金持有人可以按多倍于其持有的权益获得补偿的权利。独立核算可以避免巨灾对基金二级市场的冲击，由于巨灾发生后，社会账户不会直接受到巨灾风险的冲击，从而能确保基金净值的稳定性，保证基金在二级市场交易的稳定性和连续性。

五是发生约定的巨灾后，及时按约定进行补偿。这是此项基金设立的目标所在，也是募集来的资金的最终归宿，是巨灾补偿基金公司的重要职能之一。巨灾发生后，由专业委员会小组对巨灾发生地进行实地考察，确定灾害级别，筛选符合条件的受灾的基金持有人，向基金管理人提交具体情况说明并申请补偿，并由托管人和持有人大会负责监督。最终的数据和资金流向要向基金持有人大会报告并向社会公示。

六是建立基金各专业委员会并监督其正常运作。各专业委员会是基金管理的核心，他们由各领域的专家组成，在巨灾的核定、资金管理上有专业优势，不同的专业委员负责不同灾害的研究。基金公司应在公司章程中明确各专业委员会的组成、职能等，协调各专业委员会间的关系，并监督其正常运作。

2.6.3 巨灾补偿基金公司的内部治理原则

任何公司，内部治理结构的合理和完善，是其运作的基础，巨灾补偿基金公司也不例外。作为国有全资公司，为了避免陷入普通国有企业共有的低效率和治理无效怪圈，我们认为巨灾补偿基金公司在内部治理上应遵循以下原则：

2.6.3.1 依法治理，透明化运作

基金公司属于资产管理行业，负有为他人利益将个人利益置于该他人利益控制之下的义务，即信赖义务（fiduciary duty），在行为道德上应具有更高的标准。而由政府出资设立的巨灾补偿基金公司，负责公募基金的运作，涉及广大持有人的切身利益，更是负有在巨灾发生时进行补偿的公益责任，因此更加强调公司在内部治理上的合规性、合法性。结合我国公司法和基金公司章程，在内部治理中做到有法可依，有章可循，明确决策主体的职能划分，突出持有人大会在保护投资者利益上的作用；强化监督主体的监管职能，规范监督制衡机制的运行模式；完善激励约束机制。一般的公众公司治理已经比较成熟，信息披露的规定已经相当完备，违规操作、关联交易受到公众、媒体和监管部门的严格监管。而基金的运作充其量百年不到的时间，虽然有了一定的信息披露要求，但尚不完备，加之近些年来公益资金运作的负面新闻严重影响投资者的信心，因此巨灾补偿基金的运作必须保证透明化、公平化。完善信息披露制度，在官方网站、微博、微信等平台上对基金发行份额、申购数量和金额以及收益的分配进行及时更新和披露，对一些主要的风险指标采取量化披露或图表披露的方法，并通过年报、月报、季度报、工作简报等方式，公开基金会的财务数据和工作报告，在巨灾发生后，还应对资金补偿顺序、金额等加以披露。

2.6.3.2 以市场机制为运作的核心机制

集政府和民间资本的力量，以市场机制为核心、兼顾公平和效率实现我国

主要巨灾风险的跨地区、跨险种、跨时间的分担和共济，这是设立巨灾补偿基金的基本目标。市场是以提高效率和优化资源配置为目标的，在新的对国有企业的考核体系中，以企业价值的最大化为经营业绩考核的主要参照指标，取代了原有的净资产收益指标，突出了企业的价值创造，旨在提升股东投资回报和投资收益，体现了国有资本收益最大化和企业可持续发展的建设目标。巨灾补偿基金兼具公益性和商业性的功能，除了获取最大收益外，增强我国应对巨灾风险的能力才是其根本目标。巨灾补偿基金不仅有财政资金投入，同时还要吸引社会资金，投资者对一种投资工具的选择主要会考虑这三个方面：盈利能力、风险、流动性，所以巨灾补偿基金要以获取投资收益为目标之一，为此，它必须借鉴证券投资基金的商业化运作模式。在基金份额的定价上，按照面值发行，根据不同注册地历史上发生巨灾风险概率和损失的不同，设置不同的补偿倍数。另外，应减少政府在投资和管理上的过分干预，防止内部治理效率的低下，采用公司型基金的管理架构，持有人大会是最高权力机构，充分保障基金持有人作为公司股东的权利，政府主要负责政策制定、外部监督和资金支持。最后，基金管理人和基金托管人采用公开投标的方式去选择，择优选取，基金管理人和基金托管人主要负责基金具体的投资管理和监督。

2.6.3.3　基金管理团队考核与任命的去行政化

去行政化是指淡化基金公司的行政色彩，基金公司是全资国有公司，而国有企业普遍存在的问题是行政色彩浓厚，管理效率低下，特别是在人事任免和业绩考核上，更倾向于参照行政的考核指标。而基金公司与一般国有企业不同的是，它的管理经营将直接关系到补偿资金的积累。虽然巨灾补偿基金是国家所有，但基金持有人大会是最高权力机构，对董事具有任免权，应充分发挥持有人大会在人事安排上的表决权。建立一套科学的绩效评价机制，把管理者的薪酬待遇和经营业绩紧密结合，实现两者的同向发展，并使其作为管理者职务任免的重要依据。在建立以经济指标为主的市场评价体系中，对考评人员素质的要求、考评流程的优化、考评工具的科学化、考评内容的衔接等问题都要进一步完善发展。对巨灾补偿基金的管理团队的考核中，应从公司的合法性经营、资金的安全性、投资收益、风险控制、投资者利益的保障等角度去考核，考核要认真、经常化、规范化，并对考核结果和人员任免进行公示。取消行政级别的设定和行政化的管理模式，减少政府对基金管理的直接干预，规范行政行为，建立科学的人才管理和选拔制度。

2.6.3.4　专业问题以专业委员会为基础进行专家管理

基金具有明显的专业性特点。巨灾补偿基金在我国尚不存在，巨灾补偿基金公司的设立更是创新。与一般的基金公司不同的是，在巨灾发生时，对基金持有人还有额外的补偿，而我们面临的巨灾风险种类多样，衡量标准不一，因此针对每一种巨灾都设立了具体的专业委员会，他们由地质专家、气象专家和其他研究地质灾害的专家以及保险学、经济学的专家组成，他们利用自身的专业知识设定统一标准。在前期主要负责灾害险种的识别、注册地的划分、损失标准和补偿倍数的核定，在后期（巨灾发生后），专业委员会还要负责受灾地区的勘察、定损，提出具体补偿方案。另外，巨灾补偿基金在投资者投资和补偿机制上有其独特之处。为了避免投资者的逆向选择和投机行为，保障投资者在灾后获得的补偿，对投资者注册地和单个投资者投资比例、总额也加以限制，设立专业委员会负责管理。以各领域专家组成的专业委员会是基金公司的核心组成部分，对专业问题，诸如注册地的划分和调整、补偿系数的调整等问题进行研究和讨论，形成议案后交由持有人大会进行表决。

2.6.4 基金持有人大会及职能界定

由于巨灾补偿基金中，社会投资人的出资总额会远远大于政府出资额，为了避免基金公司偏离广大出资人目标的问题，在基金重大事项上，巨灾补偿基金公司的董事会只有提案和建议的权利，而没有决策权。巨灾补偿基金的最高权力机构为基金的持有人大会，其中，既包括政府委派的代表政府出资额的持有人，也包括社会上投资于基金份额的社会持有人。

在表决权上，可按持有权益的多少进行分配，同时，为了避免持有权益过于分散造成的"搭便车"现象和"事不关己"问题，巨灾补偿基金持有人大会，在表决机制上允许基金持有人自由授权——委托投票。委托投票权的代理人不限于基金持有人，只要是具备完全行为能力的自然人或法人即可。而要成为获得授权的代理人，需要以公开、透明的方式，以自身的管理主张和管理目标，以及如何实现相关目标的计划等，去赢得其他持有人的选票。获得授权的代理人应当向基金公司提交股东授权委托书，并在授权范围内行使表决权。委托人需对代理人的行为负全责，不论代理人的表决是否符合其本意，委托人都要受持有人大会决议的约束。持有人大会的主要职权有：

第一，对基金管理公司和基金托管人的招标结果进行投票表决。由招标部负责招标的基金管理人和基金托管人的名单要上报给持有人大会，由持有人大会投票表决是否通过。

第二，决定基金公司的经营方针和投资计划。其中经营方针是指基金公司的运作方向、方针、经营管理理念与策略等。基金公司的基金交由基金管理人负责运作，其投资方案需经过持有人大会的批准。基金公司具有公益性，同时在巨灾发生时又需要有足够的资金来补偿，因此需要由持有人大会投票表决公司运作的方针和投资策略，以充分代表持有人意志。

第三，选举和更换董事，决定有关董事的报酬事项。持有人作为出资者有权选择和决定公司的经营管理者，董事作为基金公司尤其是股东的高级代表，对公司的决策和管理具有至关重要的影响，因此其应由持有人大会选举和更换，同时报酬也应由持有人大会决定。但由于巨灾补偿基金公司的设立是由政府全额出资，属全资国有公司，故公司设立时的董事会尚无社会投资人参与，应在广大个人和机构投资者组成持有人大会后，对董事会成员进行及时调整。

第四，审议批准董事会的报告。持有人大会是基金公司的权力机关，对公司的重大事务起着决定作用，相对而言，董事会只是持有人大会某种意义上的执行机关，同时，持有人大会又离不开董事会等公司常设机构，持有人大会的决议有赖于董事会的执行，而董事会执行股东大会的效果如何，需要由持有人大会作出评价，其方式就是审核董事会的工作报告。对符合持有人大会预期要求的工作报告予以批准；反之，则不予批准。

第五，选举和更换专业委员会人员。专业委员会具有丰富的专业知识和较高的权威，在基金的管理中有至关重要的作用，应采取差额选举产生，择优聘用。

第六，审议批准专业委员会报告。持有人大会需听取专业委员会的工作成果，专业委员会有关巨灾损失的研究进展及对预期损失的预测需上报持有人大会。

第七，审议批准基金公司的年度财务预算方案、决算方案。基金公司的资金运作必须保证公正化和透明化，基金持有人对公司资金的运作和效果有知情权和收益权，基金公司贯彻实施投资与经营计划的财务指标关乎着公司发展和个人的切身利益。

作为巨灾补偿基金的最高权力机构，持有人大会还负责对基金公司的年报、基金公司监事会等的工作报告、各专业委员会的工作报告、基金章程的修订、利润分配和弥补亏损方案、基金对外重大债权或债务行为、基金重大事项，例如社会投资人账户的利润分配比例调整或补偿比例调整等进行质询和审核。

2.6.5 基金专业委员会

对普通的证券投资基金，通常会设有投资决策委员会和风险控制委员会等专业委员。其中，投资决策委员会是基金管理公司管理基金投资的最高决策机构，一般由基金管理公司的总经理、研究部经理、投资部经理及其他相关人员组成，负责决定公司所管理基金的投资计划、投资策略、投资原则、投资目标、资产分配及投资组合的总体计划等。风险控制委员会，通常由副总经理、监察稽核部经理及其他相关人员组成。其主要工作是制定和监督执行风险控制政策，根据市场变化对基金的投资组合进行风险评估，并提出风险控制建议。风险控制委员会的工作对于基金财产的安全提供了较好的保障。

除了上述两个常设的专业委员会之外，由于巨灾补偿基金的特殊性，我们认为巨灾补偿基金还应设以下各专业委员会：巨灾风险专业委员会（下设：地震风险专家委员分会、台风专家委员分会、洪涝专家委员分会、旱灾专家委员分会）、分配与补偿比例调整委员会、注册地管理委员会和外包基金管理公司的费用结构设计专业委员会。

（1）巨灾风险专业委员会，负责对我国面临的主要巨灾风险进行专业研究，包括对相关巨灾的历史数据挖掘、当前全球相关领域的研究前沿与进展、相关巨灾风险的分布与发生概率、灾害损失系数及其分布、未来趋势预测等问题。根据巨灾补偿基金所涵盖的主要巨灾风险，又可以在下面增设地震风险专家委员分会、台风专家委员分会、洪涝专家委员分会、旱灾专家委员分会等相关巨灾的专业分会。

（2）地震风险专家委员分会主要由研究地质灾害的专家组成。在巨灾补偿基金中，巨灾发生的损失分为可预期和不可预期两种，其中地震属于不可预期的巨灾，其发生是现有人类技术尚无法预测到的。地震是一种多发的自然灾害，发生的同时很可能会引发其他自然灾害。我国位于世界两大地震带之间，是地震灾害多发国，地震活动主要分布在我国的五个地区 23 个地震带上。地震专业委员分会主要从地震多发的分布区域上来设定注册地的划分标准，可以通过大量的文献阅读和实证考察的方法，并根据历史数据发生的概率和损失来预测未来的损失，并设定注册地内地震发生的统一补偿倍数。在巨灾发生时，由专家委员会小组对巨灾发生的区域进行实地核查或由投资者提供有关损失的证明。

（3）台风专家委员分会主要由研究气象灾害的专家组成。台风和干旱属于可预期的巨灾，其发生具有经常性、一般性的特点。台风的发生需要一定自然条件的诱发，因此发源地比较固定，每年盛夏是多发季节，主要分布在我国的东南沿海地区，以福建、广东、台湾和浙江所遭受的台风袭击最多，常常造成人员和财产损失。根据注册地历史上台风发生的概率和损失，以及该注册地的投资总额和人数来划定补偿倍数。台风发生的规律性给损失的预测提供了方便。在台风多发季节，专家委员会应向基金管理人提出预案，制定预警机制，对其可能的损失进行估计，保证补偿资金的充足性。在巨灾发生后，对受灾区域进行核查，并对受灾的基金持有人进行补偿。

（4）洪涝灾害在我国频发，分布范围广泛，造成损失严重，是我国常见的灾害之一，其发生也有明显的季节性，夏季为高发季节。专家委员会根据注册地内洪涝灾害发生的历史概率和损失，对其未来发生的补偿倍数设定统一的标准。并在夏季高发期对可能发生的洪涝灾害发生的损失进行预测，主要是财产损失，预测巨灾发生时的补偿总额，并提前向基金管理人提出补偿预案。

（5）旱灾专家委员分会。我国北方地区大部分是内陆地区，干旱是非常常见的一种灾害，同时影响的区域非常广，发生频繁，危害很大，延续时间长。就我国的情况来看，各地干旱灾害出现与雨带推移、季风强弱关系密切。在夏季时期，季风向北移动，北方冷空气较强，雨带则在南方停留较长的时间，就形成了南涝北旱；反之，北方干冷空气较弱时，雨带较快越过南方地区，北方则会发生涝灾，而南方则出现旱象。旱灾的发生具有一定的规律性，专家委员会根据注册地内旱灾发生的历史概率和损失，对其未来发生的补偿倍数设定标准。并实时根据我国气象状况对未来旱灾发生的损失进行预测，主要是农作物的财产损失，可在最初对注册地内农作物种植总量和预计产量做出估计，预测巨灾发生时的补偿总额，并提前向基金管理人提出预案。

（6）注册地管理委员会。注册地的划分标准，从本质上讲，和保险业务中按投保人预期风险损失大小及其补偿划分是一致的；唯一不同的是，因为巨灾风险难以精算到单个的投保人，只能根据特定风险的认知程度，以预期巨灾风险损失的可区分性或差异的等级来划分。我国巨灾种类多样，分布范围有其地理上的特点，同一地点多种巨灾可能同时存在，巨灾补偿基金对注册地划分的初步设想是按照我国现有的行政区划来划分。可以很容易想到，即使在同一行政区域，甚至一个较小的行政区域里，如果财富分布存在显著差异，在注册地上也应当加以区分，这就要求在注册地划分上尽可能加大区分度。注册地管理委员会的专家，根据具体区划内历史上发生的巨灾的物理级别和概率，损失与经济状况来核定补偿倍数，一般遵循"低概率，高补偿倍数；高概率，低补偿倍数"的原则。此外，注册地管理委员会还负责投资者信息的管理，统计不同注册地的投资总额；对投资者因故更改注册地的应认真核查，符合条件的，如最低持有期等，同意其更改。必要的时候，可将某个区域内的个人投资者按人数设置最高可更改注册地的投资额度。最后，注册地管理委员会还有权向持有人大会提交注册地调整的议案，根据两年或者五年内的巨灾发生的分布和经济状况的变化，可适当调整注册地，但必须控制在一定范围和比例内。对调整前的基金持有者，按照自愿的原则可选择相应地调整注册地，但仍受最高可更改注册地投资额度的限制，对新的投资者，按照新的注册地划分来发行基金份额。

（7）分配与补偿比例调整委员会。主要负责巨灾发生后，对投资人进行补偿的顺序和额度的确定。按照险种、区域、巨灾损失情况等确定补偿比例，详细的方法将在后面讨论。随着社会经济及风险分布的改变，不同注册地、不同类型巨灾的补偿倍数也需要不断进行调整，还可以根据巨灾发生的概率和损失的统计对补偿系数做出调整。另一方面，社会账户向政府账户缴存的利润比例，也需要根据情况而适时、适当调整。这两个非常重要比例的调整，就是这个专业委员会的基本职责。

（8）外包基金管理公司的费用结构设计专业委员会。基金公司将资金投资和运用的业务外包给基金管理公司，对基金管理费的支出由专业委员会来决定，专业委员会需设计费用结构，既能满足基金管理人日常运作需要，又能起到激励作用。基金管理费收入的高低主要取决于管理费率和提取标准。巨灾补偿基金采用混合比例的管理费率，管理费由两部分构成，一部分是固定比例提取的用来满足基金管理人日常管理费用的管理费，另一部分是根据基金资产的增值部分提取的用来激励基金管理人努力工作的管理费。其中具体数值的确定，由专业委员会结合巨灾补偿基金的自身特点，如资金规模的大小，存续时间以及市场供需情况对固定费率的高限、业绩报酬提取的高限和风险损失承担的低限和最高金额进行规定，剩下在价格区间内的具体定价由公开竞标时的市场定价机制来进行。

各专业委员会间不是相互分割的，巨灾风险的发生有时涉及的不是单一的风险，这就需要巨灾风险专业委员会下的分会相互合作，做好核查和补偿工作。

这些委员会的基本职能，都是负责从自身专业的角度出发，提出相关议案供持有人大会及其常设机构审议，只有建议权、没有决策权，并采用专家库随机轮换制的方式定期按比例更新。组成成员以各领域的专家为主，不得有官员和重大利益相关者。

2.7　巨灾补偿基金的组织结构

巨灾补偿基金是一种全新的基金形式，没有完全现成的组织结构模式供套用。如何根据基金的性质、目标和任务建立适合的组织结构，形成发挥各参与主体职能的组织体系，从而有利于基金内部治理，是构建我国巨灾补偿基金的关键。以下就基金主要的参与人分别予以讨论。

2.7.1 投资者

投资者亦称基金持有人，可以是自然人，也可以是法人。基金持有人是基金资产的最终所有人，其权利包括：①无巨灾年度的基金投资收益分配权，巨灾发生时的补偿获得权，以及参与分配清算后的剩余基金财产；②持有人在证券交易所有自由上市交易转让权，在柜台交易中具有有条件赎回权，即投资人基金所注册的注册地发生了约定的巨灾后，可按基金净值赎回；③投资人为了保护其利益，也有监督和任免基金管理人和托管人的权利，这主要是通过持有人大会行使的；④对基金中任何当事人损害其合法权益的诉讼权，如因基金份额净值计价错误造成基金份额持有人损失的，基金份额持有人有权要求基金管理人、基金托管人予以补偿等；⑤出席和委托代理人出席持有人大会行使投票表决的权利，这是基金持有人为保护自身利益应享有的间接参与基金管理的权利；⑥基金持有人还享有知情权。为了解基金运作情况，以便提出意见和进行正确投票，基金持有人有取得基金活动和盈亏等一切必要资料的权利等。在巨灾补偿基金中，基金持有人要求按基金交易账户的开户所在地分类登记，这主要便于在巨灾发生时，给予受灾地区的基金持有人补偿。

同时，巨灾补偿基金持有人既享受一定的权利，同时也应承担一定责任，包括：不得损害基金利益；按照合约规定行使权利，不能越权和不当行使权利；不得伪造文件以获得补偿等。基金持有人具体的权利义务在基金合约中有详细的规定。

2.7.2 持有人大会

持有人大会从性质上讲相当于一种议事机构，其功能主要是保护投资人利益、制约受托人行为以及配合监管机关的监管工作。巨灾补偿基金持有人大会是巨灾补偿基金的所有权机构，是基金的最高权力机构。巨灾补偿基金的持有人大会拥有的权利类似于我国契约型证券投资基金的持有人大会，其设立的目的也是为了监督基金管理人和托管人的行为，保护持有人的利益，并和发起人共同决定对基金管理人和托管人的任免。但是，巨灾补偿基金的持有人大会由基金发起人召集，如果基金发起人未按规定召集或不能及时召集时，由托管人召集。这是基于基金持有人分散，以及"搭便车"心理的现实情况做出的调整，通过给予和基金持有人具有相同利益目标（收益分享权）的发起人一定的权利，以弥补这一缺陷。同时，持有人大会还要负责对基金发起人进行监督，防止其虚夸基金收益，逃避补偿义务等。

2.7.3 中国巨灾补偿基金公司

成立巨灾补偿基金公司是公司型基金区别于契约型基金的一大特点，是构建巨灾补偿基金的核心所在。中国巨灾补偿基金公司主要负责基金公司本身的日常业务、基金份额的发售、资金账户的统一管理和灾后的补偿事项，是全资国有公司。该公司有完备的公司章程和内部组织结构，核心构成有持有人大会和负责基金具体运作的专家委员会。

2.7.4 其他相关当事人

2.7.4.1 基金托管人

基金托管人与证券投资基金托管人的职责相似，包括：①保管基金资产的安全性，按照规定开设基金财产的资金账户和证券账户，同时，严格区分自由资产和所托管的其他财产，确保巨灾补偿基金财产的完整与独立；②审核基金账务和资产估值；③负责执行基金管理人的投资指令，并负责投资资金的清算；④对所托管的基金投资运作进行监督，对基金管理人的信息实时监控与披露，发现基金管理人的投资指令违法违规的，向巨灾补偿基金理事会报告；⑤适应巨灾补偿基金托管的要求，建立健全相关内部管理制度和风险管理制度等。基金托管人的任用要求、退任条件和相关处罚补偿，在基金章程中详细规定。

此外，基金托管人不仅要监督基金管理人的行为，同时还要接受基金补偿人和基金持有人大会的监督，接受年度审核。对托管人监督过程中的隐瞒和不尽职，补偿人和持有人大会共同决定其任免，对由于托管人未完全充分行使监督职责造成的基金运营损失，托管人负连带补偿责任。不同于证券投资基金，在巨灾补偿基金中，要求基金托管人持有浮动比例的基金份额，但这部分基金份额不具有在基金持有人大会中的投票和决策权利，但是其作为基金持有人的权利可以通过基金托管人角色的发挥得到一定程度的保障，这样更强化了基金托管人的独立性和对基金管理人的监督责任。

2.7.4.2 承销机构和代销机构

承销机构一般由证券公司担任，主要负责巨灾补偿基金在证券交易所的上市发行，代销机构主要负责巨灾补偿基金在柜台上的申购和受灾时的补偿办理，一般在商业银行各网点进行。这些中间商的责任依据承销方式不同而有所区别，主要有代销、包销和助销等形式。承销和代销机构的选择由巨灾补偿公司进行。对承销、代销机构的监督指导由其相应的监督机构进行。

2.7.4.3 其他服务机构

其他服务机构包括为基金出具会计、审计和验资报告的会计师事务所、审计师事务所和基金验资机构；为基金出具律师意见的律师事务所；等等。基金发起人委托该类机构从事相关业务，它们之间是一种委托与被委托关系。

2.8 基金的资金来源

资金的来源和运作是一个国家巨灾补偿体系能否起到应有的作用和能否长期稳定运行的关键，这里主要分两部分来分析。一是制度刚启动时的初始资金来源；另一部分是正常运行时的资金来源。

2.8.1 初始资金来源

巨灾风险具有典型的低频率高强度的特征，加之目前对巨灾的发生规律掌握得还很不充分，所以不同年份之间，巨灾风险导致的损失额波动很大。受制于历史数据不充分且作用有限、保险企业对巨灾损失的估算还很落后、损失巨大且难预测的损失特征，导致普通商业保险公司不愿意对巨灾风险单独承保。

巨灾风险的另一个特点是，一旦发生，其造成的损失在空间和时间上可能相对集中，使得多个投保个体同时受到严重影响，形成区域和时间上的损失积聚效应，其规模可能会远远超过个别保险公司的承保能力，甚至于会超过整个保险市场的承保能力。因此，对于巨灾风险，只依靠个别保险公司是很难有效加以分散和转移的。

同时，巨灾风险又关系着社会上的每一个人、与民生息息相关，政府对此具有不可推卸的责任。因此，就实际情况来看，我国巨灾补偿基金的启动资金，可以借鉴新西兰和我国台湾地区地震补偿体系，由政府专项拨款；待条件成熟时，再引入其他的投资者。

专项拨款的基本特征是专款专用。作为附条件的政府财政转移支付，拨款部门指定了资金的用途，接受方必须按照规定使用，而不得转移用途。通常是中央政府为了实施其宏观政策目标，或对地方政府代行某些中央政府职能进行补偿，或因发生某些重大事件时而拨付的。这些资金通常要求进行单独核算、专款专用，对余额必须返还而不能结转到其他科目。

2.8.2　后续资金来源

在基金的后续运营中，资金来源主要有以下几种渠道，如图 2-4 所示：①财政资金。财政每年都会拨付一定的款项用于预防巨灾和巨灾发生后的救灾工作，所以政府可以每年专款划拨部分财政资金到该基金，纳入基金管理。并且政府也可以在需要的时候征收巨灾特别税。②慈善捐助。设立巨灾补偿基金后，也可以将这一部分划入基金管理。③销售基金收入。基金购买者为了获得巨灾损失保障持有基金份额所支出的费用。④基金投资收益与留成。基金在其商业化运作过程中，投资获得的收益部分留成或者支付巨灾损失补偿。⑤巨灾债券融资。在时机成熟的时候，可以考虑发行巨灾债券来获得更多的资金，使风险更分散。⑥银行借款或财政垫付。当巨灾损失超过基金的偿付能力时，可以通过银行借款（适当政策性的优惠），或者国家垫付的方式保证基金的持续性；基金在以后的收入中再偿付这一部分。

由于基金的社会账户部分执行的是企业制度，所以无论来源有何不同，任何资金在基金中都是平等的，享有同等的管理参与权、监督权和受益权。

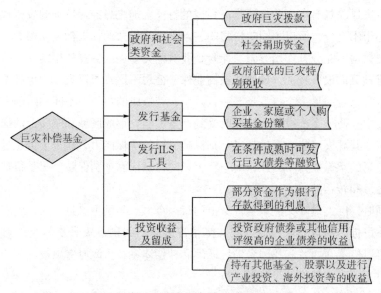

图 2-4　巨灾补偿基金的后续资金来源

2.8.2.1　财政资金

将财政每年的救灾资金纳入基金管理中，可以更好地运用金融手段使财政资金充分发挥其应有的杠杆效应，例如由财政提供巨灾债券的利息担保，以少量的财政资金带动更多的社会资金，就可以成倍地提高财政资金使用效率。其中，财政资金可以来自以下三个方面：

一是财政直接划拨的救助资金。这里主要指以财务预算为基础拨付的政府年度拨款，一般属于抚恤和社会福利救济费项下的一部分。目前我国巨灾救助年度拨款有着无偿性、低经济效率、需求巨大等特点，如果将这部分拨款转由巨灾补偿基金管理，委托专业机构进行投资，可以更好地让这些资金保值增值。在巨灾发生较少的年份，充分利用连续投资的复利效应，更快地壮大基金的实力，更好地发挥巨灾救助年度拨款应对巨灾风险的效力。

二是征收特别税收，例如巨灾补偿税、财产税等。土耳其在 1999 年通过征收"地震税"的法案，目的是稳定经济计划、减少地震对财政收入平衡的影响。该项被称为《全国地震团结税》的法案在 2000 年开始实行，当时的征税对象主要是汽车和移动电话的拥有者，该法案把 1998 年的所得税（通常意义上的个人所得税）税率和法人所得税税率提高 5%，对房地产和汽车加倍收税、向移动电话的拥有者按其移动电话使用量征收 25% 通讯税。该项法案还授权政府将石油消费税从 300% 提高到 500%，政府将每月削减广告收入、广播费用、股票交易费和资本交易费。这项法案在 1999 年制定之初，本来只是作为一项地震后的临时性措施，但是 1999 年后，土耳其财政部一直在移动电话、国家彩票、机票、海关和护照等项目上征收此税，2007 年，土耳其已经将"地震税"确定为永久性税收项目了。依照土耳其的经验，我国可考虑在重大灾害发生之际面向奢侈品市场、娱乐和高消费市场等临时性征收"巨灾特别税"。作为一种转移支付的方式，临时性特别巨灾税一方面可以解决政府的燃眉之急，另一方面不至于对国民经济产生长期、重大的影响，而且还有助于经济的平衡和稳定。因此在必要的时候，征收特别税收可以作为我国政府筹集赈灾资金的途径之一。

三是在现有相关税收中，附加一部分与巨灾相关的税。附加税，是"正税"的对称，是以正税的存在和征收为前提和依据，按正税一定比例征收的税。理论上来说，巨灾附加税可以针对不同的正税、不同的对象、不同的地区等，分别设置不同的税率。从实际情况来看，我国的巨灾保险市场才刚刚起步，还远远跟不上社会的需要。在商业性保险市场没有充分发展起来之前，政府可以尝试面向固定资产（甚至包括企业的投资性资产、重大工程项目资产）等重要资产征收一定比例的附加税筹集资金，并将其投资于巨灾补偿基金，以应对将来可能出现的巨额救助。

2.8.2.2 慈善捐助

慈善捐助主要包括国际援助和国内捐赠。国际援助指主权国家、主权国家集团或非政府组织服务于自身利益，为改善国际关系、平衡发展而对外提供资金、物资或技术援助等的活动。主要包括：以赠款或贷款为形式的资金援助、以技术支持与服务为基础的技术援助，以及贸易援助、军事援助和紧急人道主义援助等。根据援助提供方的性质，可分为政府援助和非政府援助；从援助参与者数量上看，又分为双边援助和多边援助。前者是指援助活动只有一个援助者，由其直接向受助者提供款项、技术、物质或设备等的援助；多边援助是指多个援助者对一个受助者提供支持。"5·12"汶川地震，就是一起典型的多边国际援助。在地震发生后，先后有日本、俄罗斯、韩国、新加坡等救援队飞抵四川，第一时间向灾区提供了搜救援助。除了代表政府的救援队外，还有诸如"心连心"国际组织、无国界医生组织、韩国紧急灾害救助团、国际行动救援组织等非政府机构也提供了援助。另外，在物资上，截至 2008 年 8 月 27 日，外交部及中国驻外使领馆共收到各国政府、团体和个人等捐资 19.19 亿元人民币。其中，外国政府、国际和地区组织捐资 7.94 亿元人民币，外国驻华外交机构和人员捐资 210.25 万元人民币，外国民间团体、企业、各界人士以及华侨华人、海外留学生和中资机构等捐资 11.23 亿元人民币[1]。其中亚洲地区国家捐款，亚非地区国家、组织捐款，非洲地区国家、组织捐款总数为 7 831 万，欧亚地区国家、组织捐款数为 1 536 万，欧洲地区国家、组织捐款数约为 1.712 3 亿，美大地区国家捐款数为 2.259 亿，拉美地区国家、组织捐款数约为 3 843 万，国际组织捐款数为 130.55 万[2]。

国内捐助主要来源于社会各界提供的用于救灾的捐款或捐物。通过基金的运作，可以更好地发挥这些资金的效用，避免可能的效率损失。例如，允许使用捐助资金作为担保发行巨灾债券或其他衍生金融工具，杠杆化地使用这些资金；对某些灾区不适用物资进行拍卖，转化为现金使用；定向并配套、循环使用有特定用途要求或定向捐赠的物资或资金等。

2.8.2.3 销售基金收入

销售基金收入是基金购买者为了获得巨灾损失保障持有基金份额所支出的费用。我们建议由政府出资成立中国巨灾基金管理公司，并以其为主体发行巨灾补偿基金份额，面向全社会筹集资金，同时统筹政府用于防灾、赈灾、抗灾、灾后重建和进行灾害相关研究的资金。基金管理公司主要以第三方招标托管的方式，委托专业机构和人员对这些资金进行投资，使其有效地保值增值。

---

[1] 新华网. 外交部及中国驻外使领馆共收到国外投资 19.19 亿元人民币 [EB/OL]. http：//news. xinhuanet. com/overseas/2008-09/04/content_ 9772627. htm.

[2] 杨亚清，李玉桃. 从汶川地震看国际援助 [J]. 中共山西省委党校学报，2009，32 (1).

在提高社会资金使用效率的同时，为应对巨灾风险提供资金保障和制度化的社会补偿机制。

2.8.2.4 基金投资收益与社会账户缴存

基金的收益，主要来自于基金的投资收益、捐赠收益和其他如非投资性资产增值的收益等。作为公司，收益需要进行分配以满足投资人对回报的要求，但并不是全部的基金收益都能用于分配，首先要扣除相应的成本和费用。

巨灾补偿基金的收益来源主要由两部分构成：一是资产投资获得的收益，二是投资人在进行基金购买和交易时缴纳的手续费。由于巨灾补偿基金是综合了开放式基金和封闭式基金特点的半开放式基金，其手续费也包含了两类基金的部分费用，例如：开户费、认购费、申购费、过户登记费等。其中一些费用，例如基金的赎回费，由于只有当持有人遭受巨灾风险的情况下才能赎回，可以考虑对这部分予以免除。

而巨灾基金的成本主要是基金的运营费用。它指的是基金在运作过程中发生的全部费用，主要包括管理费、托管费、注册会计师和律师的中介服务费、召开年会费和基金信息披露费、金融工具发行费、融资工具的利息和相关费用支出、风险损失费、财务费用等多个方面。

巨灾补偿基金净收益的分配顺序为：提取法定公积金，以及必要时的任意公积金；其次是按投资人的投资比例进行利润分配。除公积金以外未分配的利润部分，可作为基金扩大投资的自有资金来源。作为一种内生的资金来源，其特点是成本相应更低，不存在基金份额发行的相关费用和其他交易费用，而且可以避免双重征税等税负成本，因此在可能的情况下，基金应尽可能地加以利用。

2.8.2.5 巨灾债券融资

巨灾债券（catastrophe bond，简称 CAT bond）作为当前保险联系金融工具中的代表性工具，从 1997 年第一次成功发行以来，已经越来越成为保险机构巨灾融资的重要手段。

巨灾补偿债券同普通债券一样，投资者将资金贷放给债券发行人，从而取得息票形式的利息和最终返还本金的请求权。与普通债券不同的是，巨灾债券本金的返还与否取决于债券期限内特定事件是否发生。若发生债券预先规定的触发事件，那么债券发行人向投资者偿付本金和利息的义务将部分乃至全部被免除；若在债券到期日前没有发生触发事件，则债券发行人到期向投资者还本付息。由于巨灾不可预测，巨灾债券的投资者会承担较高的风险，基于风险越大，收益越高的经济学基本原理，巨灾债券通常息票利率都远远高于其他债券。

对于巨灾债券的发行方来说，发行巨灾债券可以将巨灾风险分散到投资者身上，一旦发生巨灾，就会有巨灾债券筹集资金的全部或部分补偿。对于投资者来说，由于巨灾风险大体上与市场上的财务风险无关，可分散市场系统性风险，所以巨灾债券是其多元化投资组合中的重要投资标的之一。从巨灾债券伴随全球巨灾事件的频发而产生以来，已经成为了当前国际金融市场上最为成功的巨灾风险转移与分散手段。

巨灾补偿基金在发展成熟的基础上，可以作为巨灾债券发行方，发行一定量的巨灾债券，以此来将基金承担的巨灾风险转移。值得注意的是，由于巨灾发生的时间和造成的损失都无法预测，因此，在确定巨灾债券发行数量、票面利率、债券期限等问题上时，一定要仔细考虑各方面因素，权衡其对于巨灾补偿基金带来的影响。

2.8.2.6 银行借款或财政垫付

巨灾补偿基金是一个半开放式的基金，没有巨灾发生时，不会面临赎回风险。然而，一旦发生巨灾，就可能需要巨额的补偿资金，而且这些补偿金都需要现金。虽然，按目前的设计，这些补偿资金只是受灾持有人所持有的基金权益，只要不是所有的基金持有人全部同时受灾，基金并不存在破产的风险，但毕竟存在流动性不足的风险。由于巨灾的发生难以准确预测、目前人们也没能掌握这方面的发生规律，使得上面讨论的流动性风险可能变得更为严重。在基金的制度设计方面，社会账户只是负责补偿受灾持有人权益部分，超额部分将由政府账户支出。这意味着正常情况下，基金的社会账户并不会出现亏损（除非基金的投资净收益为负），即基金的社会账户一般是不会出现资不抵债的情况，其面临的流动性风险只是暂时性的、周转困难的风险，这符合向商业银行进行短期融资的要求，而且，商业银行向基金提供这些短期流动性，不仅可以让基金渡过一时周转不灵的难关，更可以不用承担重大实质性风险，为加速灾后重建做出贡献。

不同于普通的借款人，巨灾补偿基金不仅在一定范围内有政府的资信担保，而且有对基金持有人赎回方面的限制，因此，有理由相信，巨灾补偿基金的借款风险是较小的，以信贷方式筹资的成本也应是相对较低的。为了进一步降低信贷资金的成本，基金还可以把所持有的国债、其他有价证券或资金作为担保，或者对所持有的相关资产进行证券化等资金筹集，以超额担保、质押等手段，降低融资风险，从而也降低融资成本。

2.8.3　不同资金来源基金的性质与管理

巨灾补偿基金中的资金主要有两方面的来源：政府资金和社会资金。其中，社会资金又可进一步分为金融机构、非金融企业、社会公众等。社会公众，则又可进一步根据投资人的年龄、所在地、财富状况等进行划分。这些不同来源的资金，其性质有所不同、目标上也存在一定的差异。如何将这些资金有机统一成基金的资金，并以此决定基金的管理目标，就是不同资金来源的管理问题。

2.8.3.1　政府资金

政府作为出资人，无论其资金来源是税收或其他来源，其信用风险相对于其他主体都是最小、稳定性最好的。具体而言，政府资金来源还可以分为一次性的资本性拨款，如基金设立之初的一次性拨款；每年的巨灾赈灾款，这是常年、按年度、制度性的经常拨款以及从特别税、特别附加税等专门税收项目上筹集的款项。后两个方面的资金来源，都具有持续性、常年性的特点，可以作为巨灾补偿基金高质量的、稳定的资金来源。而其他一些来源，例如接收的各项捐赠、援助等，其稳定性和可靠性虽然相对弱一些，但只要一旦转化为政府资金，其性质也就与政府本身的拨款没有太大的区别，在一定程度上，也可看成是基金稳定的资金来源之一。因此，对巨灾补偿基金而言，如何充分利用好政府资金优越的资信条件，特别是政府部门对基金提供的显性和隐性担保支持，将关系到基金的设立、发展和成长。

2.8.3.2　社会资金

社会资金主要分为捐助基金、投资资金、发行金融工具融资和面向金融机构融资。

社会捐助资金，因捐助者的目标不同而有所差异。有些捐助金，只有基本方面的设定而没有明确的用途限制，例如普通的救灾捐款，只要用于救灾事项即可，但并不限于某些特定的用途；而有些捐款，例如灾后小学重建捐款，就只能用于灾后灾区小学学校重建项目；也有些捐助金是用于设立长期存在的基金用途的，例如义务救灾人员补偿基金等。对于专项使用或有特定用途的资金，必须遵照捐助人的意愿加以使用，包括这些资金在存款、临时性投资等方面所产生的收益，也必须按捐助者的意愿加以使用。而对于基金型用途的资金，则应归入相应的专门机构或设立专项的基金组织来运用。有些资金，可由红十字会及其他慈善机构代为管理，有些则可能需要寻求独立的第三方机构加以托管。在新设立的巨灾补偿基金中，可设立相应的机构，专门管理所接受的捐助款，尤其是那些指定了用途的捐助款、需要长期经营和管理的捐助款以及适合设立专门基金进行管理的捐助款，并就这些款项的投资、收益、风险等进行专门考核，定期公布相关的营运报告，尽可能做到信息的透明和公开，对捐助者做出更好的交代，给捐助者更强的信心。对指定用途的捐助资金，必须就相关资金用途，指定事项的完成进度等，对捐助者提交专门的报告，以鼓励捐助者的持续支持。

社会投资资金，其目标有两个方面，一是以自我投资为前提，获得受灾后多倍补偿的机会、增强自身抗风险能力；二是将基金本身作为一种工具，进行投资以获得投资收益。前一目标之下，资金通常比较稳定，资金的盈利率并不是最重要的选择标准，人们更看中的是灾后补偿条件和标准，以及补偿过程中的交易费用等。由于基金有二级市场可以转让，作为投资工具，基金的直接收益将不是投资基金时唯一考虑的收益，在二级市场转让中获取差价也将是重要的收益来源之一。

发行巨灾债券或其他金融工具融得的资金投资于巨灾债券等工具的基本目标是盈利，当然这里的利润，是指扣除风险因素的税收利润。由于基金性质的特殊性，其资金的运用不可能过多地投资于收益很高的工具，因为这类工具在市场有效的情况下，也意味着高的风险和较低的流动性。这时，基金所享有的税收优惠，特别是其带给投资人的全部或部分免税的优惠，对增强基金的市场竞争能力就非常重要了。发行这些工具的较高成本，需要由基金的受益人来共同承担，以获取巨灾风险发生时从这些工具的投资人获得补偿的权利。

基金向商业银行等金融机构或者一些非金融机构，如政府财政等临时性融入的资金，主要是针对基金临时性大量资金需求而借入的，其目的是解决基金的燃眉之急。基金不能将这些资金作为其长期资金使用，只能在短期内用于对基金持有人进行补偿，且必须在尽可能短的时间内，通过出售自己的资产或其他方式获得资金，予以偿还。

基金在资金管理方面，把政府资金和社会资金分放在不同的资金账户，分开投资，分开管理，建立防火墙。二者之间的关系为，社会资金账户每月的投资收益，将按一定的比例转移给政府账户，以换取巨灾发生时，受灾的基金持有人可以按多倍于其持有的权益获得补偿的权利。因此，在本质上，两个账户资金之间的关系，可看作是一种连续的分期保险或一份永久性互换协议，也可看成是一种永久性的、连续多次以部分投资收益支付期权费换取遭受巨灾时的补偿权的期权合约。虽然巨灾发生时，政府对持有人的补偿可能会大于受灾地区持有人所贡献的收益，但由于巨灾一般不会在所有地区、所有的基金持有人中同时发生，而补偿基金跨区域、跨风险种类和跨时间进行补偿时，正好可以集众多基金持有人之力、集广大未受灾补偿地之力，来分担少数受灾地区的巨灾风险；双账户的设计，正是实现这种三跨的重要基础。

2.9　基金的资产管理

在巨灾补偿基金的资产管理方面，应当在流动性、安全性、收益性三者之间取得平衡。第一，基金应以安全性为基础，保证按约定对受灾的基金持有人进行及时救助和补偿；第二，在确保安全的情况下，尽可能使基金的资金保值、增值，以不断壮大和发展基金的实力。

上文提到公司型基金是我国巨灾补偿基金较为理想的组织形式。在具体运作方面，我们建议借鉴社保基金等公共基金和证券投资基金等商业基金运作中一些有效的特点，以市场机制为核心，本着公开、公平和公正的原则，通过竞标的方式，将资产的投资运作、日常行政管理以及资产的保管、监督分别交由基金管理公司和基金受托人负责。专业机构的管理有助于降低资产管理成本，提高运作效率，但是这种委托代理模式造成的信息不对称也可能引发道德风险等一系列问题。因此，应在巨灾补偿基金内部设立专门的资产管理机构，对基金管理公司和托管机构的选择、监督、绩效评估等相关问题进行管理。

2.9.1　基金资产管理机构及职能划分

根据所履行职能的差异，资产管理机构内部应设置招标、监督、绩效评估和费用管理四个部门。

招标部：主要负责基金管理公司和基金托管人的选择和淘汰。具体的工作包括在基金建立初期，进行基金管理公司和基金托管人的市场招标工作；当基金管理公司和托管人由于业绩不良和违法违规被解任时，选聘新的机构进行管理。

监督部：负责对基金管理公司和基金托管人的履约和信息披露情况进行监督，并进行年度审核，出具合规报告。对于监督过程中发现的基金管理公司或托管人运作中存在重大偏离、违反适用原则或合同规定义务的情况，及时向董事会报告，并形成书面材料上交，对于违规情形较为严重的，直接向董事会和基金持有人大会提出更换管理人或托管人的建议。出具基金管理公司和托管人的年度合规报告，供董事会和基金持有人大会进行年度审核。

绩效部：负责对基金管理公司的业绩进行评估。每一个会计年度，结合基金年度投资报告，第三方机构评估报告以及市场上同类基金的收益水平，聘请专家委员会对于基金管理人的表现进行评分，并形成书面报告，作为管理费用确定和年度考核的依据。

费用管理部：负责基金管理公司和基金托管人每一年度费用的确定和发放。以专家委员会设计的费用结构作为标准，根据绩效评估部门的评估结果，确定每一年管理费和托管费的具体金额并进行发放。同时费用管理部需要对费用结构的变化和费用的支付情况进行公开披露。

2.9.2 基金资产外包管理

基金资产的外包管理主要包括选择淘汰机制的设定、基金管理公司投资管理、信息披露管理、合规管理、绩效评估和费用管理。

2.9.2.1 选择淘汰机制

巨灾补偿基金在选择基金管理公司和托管人时可以采用公开招标的方式。对于基金管理人的选择，可以根据各竞标公司在规定范围内的管理费报价以及专家评审委员会对各公司业绩、信誉、研究能力、内部控制、公司治理能力等方面的综合评价，选择最合适的管理人。因为在巨灾补偿基金中，要求基金托管人持有浮动比例的基金份额，但是这部分基金份额不具有在基金持有人大会中的投票和决策权利，所以在进行选择时，我们除了根据各托管银行提供的保管费报价、银行的经营状况、信誉、风险管理能力等进行评估，托管人愿意持有的动态比例也是一个重要的考量因素。

对于淘汰机制，基金管理公司与托管人在具体解任情况的设定会有较大的差异。基金管理公司主要实行末位淘汰制。依据绩效评估部门的报告，如果公司年度考核排名在同类型基金中前位，可以给予超额费用奖励；如果基金业绩严重低于市场平均收益率，董事会和基金管理人有权取消该公司的基金管理人资格，因管理人原因给基金造成损失的，基金有权追偿。除此之外，当招标部收到合规部门关于基金管理公司严重违规的报告时，应当向董事会和持有人大会申请取消其资格，对由于基金管理人不按照合约规定操作造成的经营损失，要求基金管理人补偿。而对于基金托管人的考察，则主要是根据合规部门的报告，判断托管人是否存在严重违反基金契约及托管协议所规定的职责，发生违法、违规行为以及对基金管理人的违规行为采取不作为的现象。如果存在，则应向董事会和持有人大会申请取消托管资格并予以罚款。

关于基金管理公司、基金托管人的退任条件和相关处罚补偿都会在与其签订的聘任合同中作出明确的规定。

（1）基金管理公司投资管理

由于巨灾补偿基金组织的特殊性及其采取的外包策略，投资者—巨灾补偿基金—基金管理公司之间存在着双重委托经营关系，因此为了保证投资者资产的安全和增值，在与基金管理公司签订的合同中应对基金的投资范围、投资数额、资金运用方式等方面作出明确的限制。

因为流动性和安全性是首要条件，在投资对象方面，巨灾补偿基金应以债券，尤其是国债以及债券型基金的投资为主，同时对基金投资于风险较高和流动性较弱的资产比例加以严格限制，主要包括如房地产、期货基金、期权基金等。但我们的研究同时也认为，只要将投资比例控制在一定比例之下，并充分运用商业银行或与中央银行及财政部门的短期融资，巨灾补偿基金也是可以投资房地产等行业的。在投资渠道上，需要结合资金来源与补偿期限、金额等进行不同的投资，为将来补偿提供后备保障。

（2）信息披露管理

基金管理公司应定期向巨灾补偿基金董事会和公众报告资产的运用和收益情况，而基金托管人也应及时将监督和资金清算情况等向董事会和基金持有人大会说明，信息披露的频率、方式和内容框架都应在合同条款中做出明确的规定。由于巨灾补偿基金的特殊性，在合同中应该加强对基金风险披露的标准及要求，例如对一些主要的风险指标采取量化披露或图表披露的方法，使投资者对基金的风险有比较客观的了解。

（3）合规管理

合规管理是指对基金管理公司和基金托管人是否严格按照合同的规定履行其职责进行监督。可以通过第三方独立机构出具的报告，对合同履行情况的实地检查，不定期抽查，定期单独和管理层以及董事等召开会议，对基金市场交易情况和指标的观察等方式进行事中和事后的监督。

对于基金管理公司，重点考察：①是否按照基金规定的投资范围、投资数额、资金运用方式，运用基金资产投资并管理基金资产；②是否按照规定定期、及时地向监管部门报告并对巨额补偿基金和投资人进行相关信息和风险的披露；③相关内部控制和风险管理制度是否适应巨灾补偿基金的管理要求。

在对基金托管人进行监督时，主要关注：①是否按照规定开设基金财产的资金账户和证券账户并严格区分自有资产和所托管的其他财产；②对于基金管理人违法违规的投资指令，是否执行，是否及时向董事会和外部监管部门报告；③投资资金的清算交收是否及时有效；④对于基金管理人的监督和信息披露是否到位；⑤公司内部的管理和风控制度是否持续达标。

在监督过程中，如发现管理公司和托管人运作存在任何违反适用原则或合同规定义务、可能采取不符合投资人要求等任何重大的行为时，监督部及时报告董事会和外部监管部门，同时由董事会召集持有人大会，共同商定解任和罚款事项。同时，监督部门每一年度都要根据基金管理公司和托管人的履约情况完成合规报告，作为年度审核的重要依据之一。

（4）绩效评估

由于巨灾补偿基金的资金运作中采取了托管管理的方式，激励和淘汰机制中的重要一环就是管理人的业绩考核；而且巨灾补偿基金作为商业化运作的基金，有必要进行绩效评定。但是由于巨灾补偿基金的基本目标和其他基金的不同，导致其收益和风险也与其他基金的不同，所以在对基金业绩进行评估时，应与相同类型或特征的基金进行比较。

业绩评价指标中，一类是只考虑资产组合收益的波动率或类似风险因子的单因素模型，比较常用的有三种：夏普指数、特雷诺指数和詹森指数；另一类是同时考虑多种因素的多因素模型，如 Fama 的三因素模型。总体来看，虽然从理论上说多因素指标比单因素指标更具有解释力，但是在实践中要能准确预测出三个解释因子的系数是非常难的。而且我国金融市场投机氛围严重，政策因素对金融市场影响很大，并非完全受经济因素的影响，而且这些因素又很难刻画和度量，所以我们认为，目前单因素模型比多因素模型更适合对我国基金投资绩效的证券评判。

在单因素模型中，夏普指数、特雷诺指数和詹森指数都是以资本资产定价模型为理论依据。夏普（Sharp）指数以 CML 为基准，特雷诺（Treynor）指数和詹森（Jensen）指数以 SML 为基准。但是夏普指数同时考虑了系统性风险和非系统性风险，而特雷诺指数和詹森指数基于投资组合的多样化消除非系统性风险，仅仅考虑了系统性风险。因此，如果基金没有完全分散非系统性风险，则特雷诺指数和詹森指数就会有误差，从而就不能很好地判断基金的管理能力。我国的证券市场与国外相比还不够成熟和完善，投机氛围浓厚，而且我国的投资品种比较有限，不可能做到完全分散投资风险，所以应该选用总风险对收益率进行调整，即上述三个中的夏普指数。随着我国证券市场的完善，可以考虑采用三种指数进行综合评价。

（5）费用管理

基金管理费收入的高低主要取决于管理费率和提取标准。巨灾补偿基金采用混合比例的管理费率，管理费由两部分构成：一部分是固定比例提取的用来满足基金管理人日常管理费用的管理费，这种固定比例是相对的，它会随着基金规模递减，但有一个最低限度，能保证基金管理人的日常运作。另一部分是根据基金资产的增值部分提取的用来激励基金管理人努力工作的管理费，具体为：当基金已实现的净值收益率超过某一个基准收益率（如某一指数加上一定比例）时，基金管理人按照合同约定对超出基准收益率部分计提 $\alpha\%$ 的业绩报酬：固定费用+业绩费用，这一部分费用的支付采用延期支付的方式，防止基金管理人的短视行为。同时，规定管理人按当年收取的委托资产管理手续费的 $b\%$ 提取该账户的投资管理风险准备金，专项用于弥补巨灾专项资金的投资亏损。

其中具体数值的确定，由专家委员会结合巨灾补偿基金的自身特点（资产规模、存续时间、类型等）和市场供需情况对固定费率的高限、业绩报酬提取的高限和风险损失承担的低限和最高金额进行规定，剩下在价格区间内的具体定价由公开竞标时的市场定价机制来进行。

对于托管人的托管费用则一般采取固定比例，其确定原理和过程与管理费基本一致，都是由专家委员会给出费率范围，根据市场公开竞标结果最终确定。

在外包管理中，费用管理部门主要是根据确定的费用支付比例和绩效评估部门的报告确定每一年的具体费用数额，并负责完成对于费用的支付清算。除此之外，对于基金管理人的延期支付费用和风险准备金都应在托管银行设立专门的账户委托托管人进行管理。

2.9.3 基金资产的安全性管理

巨灾补偿基金资产的安全性管理主要包括两个方面：一是投资的安全性，二是内部管理的安全性。其中，巨灾补偿基金投资的安全性原则是指基金投资风险较小，并能够确保取得预期的投资收益。内部管理安全性则主要指基金资产管理机构各部门职能设置是否合理以及内部控制制度是否完善。

由于巨灾补偿基金的投资收益在灾害没有发生时要支付巨灾债券的利息和本金，同时还要为将来可能发生的巨灾积累资金；在灾害发生时，要用于巨灾的防灾、减灾和抗灾，容不得半点闪失，要么就会耽误防灾、减灾和抗灾工作。因此，基金投资至少要保值，应该遵循"安全性原则"。对于投资的安全性管理主要体现在以下几个方面：第一，设置低风险证券的投资低限和高风险资产的投资高限，将投融资期限和结构匹配纳入考虑。第二，要求基金管理公司提取一定比例的投资管理风险准备金，专项用于弥补基金投资的亏损。这样，在一定程度保证资金投资安全性的同时，也让基金管理人的收入和基金投资收益挂钩，部分解决了现有基金治理委托代理问题中委托方和代理人利益不一致的问题。账户由专门的托管机构管理，也降低了董事会和资金管理人对资金直接挪用的可能性。第三，对于未行使监督职责造成的基金运营损失，托管人负连带补偿责任。同时要求托管人持有一定比例的基金份额，由于其作为基金持有人的权利可以通过基金托管人角色的发挥得到一定程度的保障，这样更强化了基金托管人的独立性和对基金管理人的监督责任。第四，引入淘汰机制，实行非物质的反向激励。由于基金的年度投资报告是面向社会公开的，如果遭到解任（淘汰），必定会对这一基金管理公司带来极大的负面影响，公司的其他业务也会受到牵连，这种声誉损害造成的间接损失是十分大的，这就能很好地激励基金管理人为了持有人的目标努力。

关于内部管理的安全性，主要体现在部门的职能设置和市场化机制的引入方面。对于基金管理人和托管人的选择、淘汰以及费用的确定都由多个部门共同参与决定，增加了管理人和托管人的寻租成本。通过公开竞标的方式选择基金管理人和托管人增加了信息的透明度，同时也一定程度上确保了中标公司的管理能力。

2.9.4　基金资产的流动性管理

巨灾补偿基金资产管理应遵循流动性原则，即投资能够迅速地变现或作为变现的基础，以保证基金支付需求。巨灾的发生具有不可预测性，而且一旦发生，救灾是刻不容缓的，巨灾的这两个特点决定了基金的投资必须提供很强的流动性，在不损失其原价值的条件下，能随时保持转化为现金的能力，以满足可能支付的特殊用途。

巨灾发生后对受灾持有人的补偿以及可能面临的基金赎回情况是事前无法预测的，而且一旦巨灾发生就意味着基金必将有大量的现金支出。因此基金资产的流动性管理主要包括两个方面：一是建立强大的短期融资能力；二是持有适量的流动性资产。其中强大的短期融资能力可以通过充分运用国家信用支持，与大型商业银行和投资银行建立长期、稳定的信用关系，与投资银行签订巨灾时利用基金所持有的优良资产发行抵押或质押债券的协议，充分利用衍生金融工具，如巨灾发生时的基金份额出售计划等多种途径实现。而流动性资产的持有则可以通过与基金管理公司签订的委托合同中，对于一些流动性较高的投资工具（如活期存款、交易活跃的债券、变现损失小的债券，如国债等）的投资总额设定一个最低的投资比例，以保证及时、足额地满足各项支出的需要。防止基金管理人盲目追求收益而使巨灾补偿基金陷入支付危机。

2.9.5 基金资产的盈利性管理

在保证基金资产的流动性和安全性的前提下，基金资产投资应以取得最大收益为原则。第一，巨灾补偿基金的融资有一部分来自发行巨灾债券，根据所发行的巨灾债券的条款，一旦所约定的巨灾发生，那么就要截留部分或全部的债券本息对受灾基金持有人进行补偿，其投资人承担着很大的风险，也就必然要求较高的收益率。即使约定的巨灾没有发生，基金也必须如约支付高额的利息，这就在一定程度上要求基金必须实现一定的收益，否则就无力承担这些高昂的利息成本；第二，巨灾补偿基金是一个可持续发展的基金，要逐步积累和壮大基金的实力，增强承受巨灾风险的压力，因此在保证基金"保值"目标得以实现的基础上，还应该积极追求基金自身的增长，实现基金"增值"的重要目标。如果基金不能实现增值，基金的收益在市场上没有竞争力，将意味着基金无法吸收更多的资金、其规模不可能扩大、风险也不可能得到有效的分散，所以在巨灾补偿基金资产的管理中，盈利性管理也占有不可或缺的重要地位。

总的来看，资产的盈利性管理可以通过几个方面来实现。第一，当基金管理公司取得超越市场上同类型基金平均水平的收益时，对于超额收益给予一定比例的薪酬奖励，这样的费用设置能够提升基金管理人的积极性，减少委托代理成本；第二，将业绩指标作为是否淘汰基金的重要评价指标之一和一种反向激励；第三，通过与商业银行和投资银行签订巨灾发生资产抵押协议，可以一定程度上减少现金和高流动性资产的比例，从而有效避免持有过多的流动资产，导致投资收益率过低，失去市场吸引力。第四，在有效进行风险管理的前提下，允许基金管理公司投资于一定比例的房地产、衍生工具等风险债权。

流动性、安全性、收益性的原则在实际的投资运作中往往难以同时满足，投资于流动性差的投资工具，可以获得更高的收益率；投资于流动性好的投资工具，其收益率相对就低，安全性高的工具，收益通常也不高。因此，巨灾补偿基金在具体的投资项目上，就需要在流动性、安全性和收益性之间进行平衡，并根据情况适时灵活处理。

2.10 基金的负债管理

对于中国巨灾补偿基金公司而言，要在资产管理中，同时兼顾安全性、流动性和收益性，并不是件容易的事。按我们的制度设计，以半封闭结构为基础、且只有受灾注册地的基金可以赎回，所以基金份额的资金有相当大一部分属于长期可用的资金；另一方面，一旦巨灾发生，遭受巨灾注册地的投资人就拥有了赎回其投资净值的权利。很显然，这是一种基金投资人所拥有的美式期权，其行权可能性取决于约定巨灾在约定注册地的发生，带有很强的路径依赖性和不确定性。为了应对这种不确定性，除了在资产管理中确保资产具备一定的流动性之外，还有一种策略，就是增强基金的融资能力、预备必要的融资渠道。

2.10.1 特别国债融资

作为面向全国的、兼具公益性和商业性的巨灾补偿基金公司，在国家财政担保和背书的前提下，如果遇到突发性巨灾急需资金时，完全可以申请由财政部发行特别国债进行融资，并专款专用，然后由巨灾补偿基金公司国家账户的后期积累逐步偿还。在后文还将讨论到，除了上述情况外，在巨灾补偿基金建立之初的初始投资，以及在基金运作过程中偶然出现国家账户资金不足等情况时，都可以利用这一方式融资，以避免紧急变现投资资产所带来的损失。

2.10.2 专项贷款

专项贷款，是以国家政策做支持、以巨灾补偿基金公司投资资产做担保，临时向国家商业银行或其他商业银行、以至国际上的商业银行申请的紧急专项贷款，主要用于向遭受巨灾损失的投资人，按约定支付补偿款。

这里说的专项，主要指专款专用、专门政策做支持、专门流程做保障、并有国家财政做担保的一种特别贷款形式。贷款的期限，可根据担保资产变现的时间长短进行匹配，以尽量减少资产变现时的费用。

当然，巨灾补偿基金公司的贷款总额，也须与其用途和担保资产等匹配，必须进行总量和时间结构的控制，避免过度负债所带来的风险。

2.10.3 巨灾债券

巨灾债券，是国际巨灾保险机构最常用的融资工具之一，其基本特点是，将债券的回报与特定的巨灾种类、物理级别或损失大小等相互关联。它是如果约定的巨灾在约定的范围内发生、且物理级别或损失达到约定的程度时，将部分或全部截留债券的本息的一种债券。

因为巨灾发生时巨灾债券面临较大的风险，因此，这类债券的收益率相比于同等的普通债券，其息票利率通常会更高。再考虑到巨灾债券的主要风险是巨灾，而巨灾的发生与市场上其他证券之间的关联度很小，所以，一定程度上，这类债券可以被视为市场风险中性的债券，对于许多机构投资者构建市场风险免疫或中性的资产组合时，有其特殊价值。因此，巨灾债券在国际市场，还是很有吸引力的。具体的发行程序及管理等，这里就不赘述了。

2.10.4　资产担保债券

为了在满足灾后补偿的同时，基金投资能取得较高的收益，适当做一些长期投资是很有必要的。但如果巨灾发生后，巨灾补偿基金公司的现金不足，无法满足当期补偿支付的需求时，也可考虑用公司现有的投资资产做担保，发行资产担保债券，以获得必要的急用资金。建议除了用巨灾补偿基金公司的投资资产做担保外，同时还可以由国家财政提供信用保证，提升这些债券的信用等级，从而降低融资成本。

3 巨灾补偿基金一级市场运行机制研究

巨灾补偿基金要发挥其设计的功能，前提是要能成功发行、被广大投资人和暴露于巨灾风险的社会大众所认可。中国巨灾补偿基金公司，是设计和发行我国巨灾补偿基金份额的唯一主体，只是在发行过程中，既可以由巨灾补偿基金公司直接发行，也可由其外包给第三方机构外包发行，整个一级市场的运作，如图3-1所示。基金份额的合约如何设计、如何将设计好的合约销售给广大社会公众，就是巨灾补偿基金一级市场的建设和运行问题。

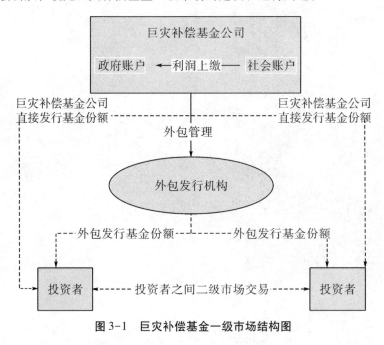

图3-1 巨灾补偿基金一级市场结构图

3.1 基金份额及其合约设计

与其他金融工具一样，基金份额本质上也是一份合约。巨灾补偿基金是一份介于中国补偿基金公司和基金持有人之间的有关权、责、利等相互关系的合约。基金份额的合约设计，就是对将涉及的相关主体、客体及各自的权、责、利等加以清晰界定的过程。

3.1.1 基金合约的主体界定

巨灾补偿基金涉及的最基本的主体，是基金的发行人和投资人；同时，还有其他一些相关主体会与两个最基本的主体存在一定的权、责、利关系，这包括：中央政府、外包机构、非基金持有人的受益人、第三方服务机构等。

中国巨灾补偿基金公司是巨灾补偿基金的发行机构，是完全由政府出资的全资国有公司。中国巨灾补偿基金公司负责基金份额合约的设计与调整、发行，基金资金的筹集、投资、出险后的补偿、基金本身的整体运作、风险控制等。在基金合约的设计中，要特别明确中国巨灾补偿基金公司的权、责、利。

巨灾补偿基金份额持有人是指依基金合同和招募说明书持有巨灾基金份额的自然人和法人，也是基金的投资人。他们是基金资产的实际所有者，享有基金信息的知情权、表决权和收益权。基金的活动是为了增加投资者的收益和在触发巨灾时对投资者进行的补偿。所以巨灾基金份额持有人是基金活动的中心。

中央政府。政府外包给外包公司，外包公司向社会筹集资金形成债权债务关系，在基金不能足额补偿损失时，政府要及时下达指令通过一定方式来筹集资金，保证基金的持续运作和对基金持有人补偿的能力。

外包机构。利用自身的经验与优点，发行巨灾基金，筹集资金，利用筹集的资金投资，提高投资人收益和自身收益，并对资金进行管理与分配。在巨灾发生时，对相关注册地的补偿比例要进行调查、分析，从而得到标准，及时进行补偿。

非基金持有人的受益人。在巨灾发生时，得到基本的公益补偿，而得不到购买基金的国家账户的补偿，得到的补偿比例少。

第三方服务机构。为政府、外包公司、投资者提供中介服务和咨询服务的机构设施，负责各个注册地的巨灾基金发行与销售的服务工作，为巨灾基金的其他各个机构提供便利与维持运作。还有一些管理机构：注册地管理机构、分配及补偿比例管理机构等，对注册地及补偿情况进行分析与管理。

3.1.2　基金性质

中国巨灾补偿基金是一种集公益性和商业性于一体的、以市场机构为核心的商业性基金，即从本质上讲，特别是对社会大众投资人来讲，巨灾补偿基金是一种商业基金，其含义是，基金的发行、转让等过程，是一个商业化的市场行为。任何投资主体，对于巨灾补偿基金投与不投、投多投少、什么时候投、如何投、什么时候转让等，完全是一个自主决策的过程，完全可以根据自己的判断进行决策；当然，另一方面，决策的风险也完全由相应主体自己承担。

3.1.3　基金目标

巨灾补偿基金的基本目标是：集政府和民间资本的力量，以市场机制为核心、兼顾公平和效率实现我国主要巨灾风险的跨地区、跨险种、跨时间的分担和共济。而投资者购买巨灾补偿基金的主要动机之一是一旦发生巨灾，巨灾补偿基金会给予投资者相对于其原来的投资额的数倍补偿，减少了灾后的损失并实现了自身收益。

3.1.4　巨灾风险补偿范围

巨灾补偿基金的补偿，分为公益性补偿和商业性补偿两部分。前者面向所有巨灾受灾人，后者只面向巨灾补偿基金份额的持有人；前者是根据国家公益性补偿政策规定的补偿额和补偿方式，其目标是确保所有受灾的灾民最基本的生活保障，后者则是按基金合约约定的标准，根据不同注册地、不同灾害所事先确定的补偿比例进行补偿。

对同一注册地，具有根据当地经济发展水平等测算的最高补偿额限制，巨灾发生后，如果同一注册地应当补偿的总额高于事先确定的补偿限额时，各投资人按比例受偿。所以受到投资总额限制的机构投资者，只有在限额以下部分才能得到补偿。

3.1.5　不同巨灾风险的补偿比例

巨灾补偿基金的补偿比例，是根据对不同注册地发生不同种类的巨灾风险的概率和可能损失的测算和分析来计算的。具体的测算方法，将在后文详细讨论。由于不同注册地在巨灾风险发生概率和预期损失方面存在差异，这些补偿比例也将有所不同。为了避免巨灾发生后定损造成的时间拖延、影响救灾和灾后重建，在不求精确、只求整体上有效率的情况下，对各个注册地不同种类的巨灾风险的补偿比例，都会在发售巨灾补偿基金份额时明确予以界定。

随着社会对不同巨灾风险认识的加深，以及随着经济社会等条件的变化，不同注册地不同巨灾风险的补偿比例，也将随之进行调整。具体的调整方案，将由中国巨灾补偿基金公司的巨灾风险专家委员会和巨灾补偿基金补偿比例调整委员会共同提出议案，由巨灾补偿基金持有人大会表决通过后，才能进行调整。

3.1.6 持有人权利

基金持有人拥有的权利有：收益权、补偿权、知情权、管理权（表决权）、受灾赎回权、注册地变更权、基金份额转让权等。

收益权是指基金持有人因持有基金份额获取利益的权利。基金每年会分红，但是和本金一样不会返还给持有人。补偿权指在发生巨灾的时候，要对相应注册地购买基金的持有人根据其购买的份额进行一定比例的补偿。知情权是基金持有者获取信息的自由和权利，包括从官方和非官方知悉、获取相关信息。管理权（表决权）指持有人并不直接参与基金的经营管理，而是通过董事会进行，持有人通过选举董事，从而获得基金业务的控制权。受灾赎回权是指当发生巨灾的时候能够对本金与利息进行赎回的权利。注册地变更权指基金持有人具有变更购买基金份额地点的权利，一经变更，原注册地的权利将消失。基金份额转让权是指基金持有人可以在二级市场转让自己的基金份额，权利也一并转让。

基金持有人还具有基金到期后得到本息，依法转让或申请赎回基金份额，按照规定召开基金份额持有人大会的权利。并且对基金份额持有人大会事项具有表决权，可以查看或复制公开披露的基金信息资料，对基金管理人、基金发行机构等损害其合法权益的行为可以提起诉讼。

3.1.7 持有人义务

基金持有人需要遵守基金合约，缴纳基金认购款项及规定费用，承担基金亏损或终止的有限责任，不从事任何有损基金和其他基金持有人利益的活动。并且在购买基金后受灾之前，不得赎回基金，到期才可得到本息或发生巨灾后才能对基金进行赎回，这样可以保证基金的足额和流动性。

持有人的义务有及时缴款义务、投资收益缴纳义务、承担经营风险义务、监督管理义务、未受灾时不得赎回义务、积极防灾抗灾义务。及时缴款义务是指持有人要在规定时间之前缴纳完购买基金的费用，不能拖延，不得抽逃出资。投资收益缴纳是指持有人的分红收益要缴纳一部分给国家账户。承担经营风险的义务指持有人要承担购买基金的一系列风险，如前文所述的基差风险等。监督管理义务指持有人对基金运作的机制、相关机构的运作等有监督的义务，维护持有人的利益。未受灾时不得赎回的义务即是在购买基金份额的注册地没有发生灾害之前，持有人不得对本金和利息进行赎回。积极防灾抗灾指基金持有人具有抗击灾害、防止灾害发生的义务，也是众多人民的共同义务。

3.1.8 基金发行人的权利

因为政府将基金外包给了外包机构，外包机构即为基金发行人。基金发行人具有召开基金持有人会议、参加基金持有人会议、提案、表决、请求分配投资收益等持有基金而产生的权利，并且可以制定相关发行规则和确定相关发行要求。

发行人具体的权利有基金份额发行权、基金份额合约修订建议权、基金份额定价建议权、基金日常管理与决策权、基金持有人大会召集和提议权、社会账户收益分配权、巨灾联系证券发行权等。基金份额发行权是指基金发行人具有发行基金份额、进行交易的权利。基金份额合约修订建议权指发行人有对基金合约进行建议提案的权利，对合约制定具有一定的影响。基金份额定价建议权是指发行人对基金份额的价格制定可以提出建议，对价格的制定有一定影响。基金日常管理与决策权即是对基金的运作和体制进行管理和制定相关决策的权利，使基金利润最大化。基金持有人大会召集和提议权是指发行人可以聚集和提议召开持有人大会。社会账户收益分配权指发行人具有分配社会账户投资收益的权利，将这些收益按照一定的比例分配给持有人、国家账户、其他机构等。巨灾联系证券发行权即指发行人具有发行证券的权利，弥补巨灾带来的损失。

3.1.9 基金发行人的义务

基金发行人的义务有尽职管理义务、足额补偿义务、临时资金不足融资义务、同等承担经营风险义务等。

尽职管理义务是指发行人应该尽力管理基金，保障持有人的利益；用时足额补偿义务是指发生巨灾时，对持有人应进行足额补偿，不拖欠资金；临时资金不足的融资义务，即在巨灾发生时，账户里的资金不足以进行补偿时，发行人需进行其他融资方式，以弥补资金的空缺；同等承担经营风险义务是指发行人与持有人一样也要承担同等程度的基金经营方面的风险的义务。

3.2　基金发行渠道

3.2.1　网上发行

网上发行是指通过与证券交易所的交易系统联网的全国各地的证券营业部，向公众发售基金份额的发行方式。而随着互联网金融的迅速发展，基金公司还可以自建电商平台，与第三方基金代销平台、互联网电商平台以及第三方支付等互联网机构合作，扩大其网上销售渠道。

3.2.2　网下发行

网下发行方式是指通过基金管理人指定的营业网点和承销商的指定账户，向机构或个人投资者发售份额的方式。目前，我国可以办理开放式基金认购业务的机构主要包括：商业银行、证券公司、证券投资咨询机构、专业基金销售机构，以及中国证监会规定的其他具备基金代销业务资格的机构。

3.2.3　常年发行

巨灾补偿基金区别于一般的证券投资基金，兼顾投资和承担社会责任的特征，巨灾发生时，受灾人数之多，经济损失严重，基金对持有人按一定比例补偿，需要大量的资金积累。同时巨灾的发生是小概率事件，具有不确定性，投资者的认识和判断也不一致，加之巨灾补偿基金在申购上是自由开放的，和普通开放式基金相同，因此不应该限制发行的期限，可以采用常年发行的方式，个人和机构投资者可以根据自己的判断和需要在不同的时间购买，基金的规模也会随着投资人购买量的增加而不断扩大。

3.3　基金发行对象

3.3.1　企业

巨灾补偿基金建立的目的是巨灾发生后，为灾区提供财力支持，帮助灾区重建恢复经济发展与稳定。由于巨灾发生也会使当地的企事业单位遭受损失，它们也需要资金重新投入生产，恢复运营，所以对于巨灾补偿基金的投资者限定这里可以适当放宽标准，允许企事业单位在有关部门的监控下场外购买巨灾补偿基金，登记记录在册，并且其购买的巨灾补偿基金不允许进入二级市场流通。

3.3.2　个人

个人投资者是指以自然人身份从事基金买卖的投资者。基于巨灾补偿基金建立的目的和最大范围地分散巨灾风险，巨灾补偿基金对个人投资者不设限制，只要满足我国证券投资资格要求的自然人都可以投资于巨灾补偿基金。巨灾补偿基金既是一种投资工具，也是风险发生后的补偿工具，在兼顾收益性的同时，还具有公益性。我国是自然灾害的多发国，对于易受灾地区群众，购买此基金既可以获得基金收益，还可以在巨灾发生时获得数倍于基金份额的补偿。对于其他个人投资者，则可以根据巨灾在不同区域发生的概率来选择注册地，并进行购买。基金需要全社会的广泛参与，使风险跨时间，跨地域，跨风险种类地全方位转移分散。

3.3.3　其他机构

机构投资者从广义上讲是指用自由资金或者从分散的公众手中筹集的资金专门进行有价证券投资活动的法人机构。在中国，机构投资者目前主要是具有证券自营业务资格的证券自营机构，符合国家有关政策法规的各类投资基金等。

3.3.4　国际投资人

国际投资人可以是个人投资者，也可以是机构投资者。巨灾一旦发生，波及范围广，经济损失巨大，基金份额向国际投资人的发行，不同于一般灾后的国际援助，而是扩大了基金运营的后续资金来源，在巨灾未发生时，也可以获得基金的投资收益。

3.4　基金发行限制

为了增强购买的便利性，巨灾补偿基金份额在一级市场的发行与普通的证券投资基金略有不同：巨灾补偿基金不设置认购期，投资人可选择在任意时段进行基金份额申购，并享受相同的费率。投资者可以通过网站、客户端等方式进行网上申购，也可以通过指定银行的售卖点进行网下申购。由于我国巨灾补偿基金具有半封闭性，投资人持有的基金份额只有在巨灾发生时才能进行赎回，日常的交易必须通过二级市场进行。

基于防范风险的考虑，我们需要对巨灾补偿基金在一级市场的发行进行限制，一般分为规模总量限制和单一投资人限制两大类。其中，规模总量限制主要是为了使募集资金总额与风险损失规模相适应，防止过度融资，而针对单一投资人的限制，则主要是为了防止对二级市场的价格操纵和巨灾发生时巨额赎回造成的流动性风险。

总之，巨灾补偿基金发行管理的核心目标是为日后维持基金的正常交易运作打下基础，确保其可持续发展，同时在市场活跃度、公平性和社会性之间取得平衡。

3.4.1 规模总量限制

基于以下几点考虑，我们对于巨灾补偿基金总的发行规模和在单一注册地的发行规模暂不进行限制。第一，一个国家巨灾补偿体系的建立必须遵循广覆盖的原则，对于补偿基金来说，就是确保每一个有避险需求并且具有支付能力的投资者都有购买到基金份额的机会。如果我们对基金的发行规模进行限制，就可能无法满足所有群众分散巨灾风险的需求。同时，规模限制也可能会引发个人投资者被机构投资者挤出的问题。第二，巨灾具有很强的破坏性，往往会造成巨额的经济损失，基金要提供补偿并且长久地发展下去，必须募集大量的资金，其规模的扩大有助于可持续经营。第三，巨灾补偿基金主要投资于低风险类资产以确保其安全性和流动性，这就决定了基金不会提供很高的收益率，因此购买基金的投资者多数还是为了获得巨灾风险补偿，投机者的投资积极性不会特别高涨，也就是说基金的规模一般不会失控，因此无需对规模进行特别的限制。

3.4.2 单一投资人限制

单一投资人限制，是指对投资人能够申购的基金总份额数限定在注册地发行总额的一定比例之内。目前，我国资本市场整体的投机情绪很重而且缺乏有效的监督机制，如果不在一级市场对投资者进行申购限制，很可能会引发二级市场上的价格操纵，损害中小投资者的利益。同时，在巨灾发生时，补偿基金就变成了开放式基金，基金份额过度集中于少数投资者也会增加巨额赎回出现的概率，引发流动性风险。

价格操纵是交易者为了使价格向对自己有利的方向变动，通过集中进行大量交易或信息诱导等各种手段，在市场上创造垄断力以促使价格偏离正常的供求力量作用下的水平，从而形成人为的低价或高价。而价格的变动趋势是交易的数量和方向引导的，因此限定单一投资人的基金份额持有的上限就成为防范价格操纵风险的有效手段。

巨灾补偿基金的投资人主要包括个人、家庭、一般工商企业、保险公司、再保险公司、非保险公司金融机构、信托公司、证券公司、基金公司、地方政府民政部、银行。根据其资产规模的差异，可以分为个人投资者和机构投资者两大类。对于不同类型的投资者，由于其对市场的影响力存在较大的差异，因此需要进行分类管理。

3.4.2.1 个人投资者

个人投资者主要指个人和家庭，其购买基金份额的主要目的是分散人身和财产面临的巨灾风险，通过获取多倍补偿从而减轻损失。这类群体的巨灾承受能力往往较弱，利用基金对冲风险的意愿较强。基于巨灾补偿基金公益性和广覆盖的特点，对于个人投资者的购买需求应尽可能地满足。

从防范风险的角度考虑，个人投资者的资金规模通常较小，不具备操纵市场的能力。同时，巨灾补偿基金明确规定补偿总额不会超过损失总额，投资人很难从巨灾补偿中获取额外的利润，而且巨灾补偿基金由于其高安全性，收益率较低，在这种情况下，理性的个人投资者不会倾其所有进行购买，而是会选择与其风险暴露资产规模相适应的基金份额。综上所述，我们不对个人投资者的申购比例进行限制。

3.4.2.2 机构投机者

机构投资者主要包括工商企业和各类金融机构。这类投资者的特点是资金实力雄厚且拥有专业的知识和能力，一旦基金份额持有量超过一定数额，他们就可能利用交易影响基金的价格。而且，这些机构投资者的行为具有一定的示范效应，他们的选择可能会在市场上引发羊群效应，从而增大价格波动的范围。这样的影响在规模较小，流动性较低的注册地尤为显著。因此，为了巨灾补偿基金二级市场的稳定运行，我们需要对单一机构投资者在某一注册地的投资比例进行上限设定。

对于某一注册地申购比例的具体限制，全国无需设置统一的标准。各个注册地可以根据当地的经济情况、金融市场的发达程度设置不同的比例限额，但是国家需给出一个比例上限，并要求各个注册地的比例限制不得超过这一数值。

除此之外，需要注意的是，我们对单一机构投资者设定申购上限，主要是为了防范价格操纵和巨灾发生时的流动性风险，但是这一限制主要针对投机者。如果机构投资者是因为其在某一注册地的资产规模过大，基于避险的需求需要购买超过比例限制的基金份额，那么他的要求就应该被满足。因此，我们应根据机构投资者的资产规模分类设限。

（1）注册地资产总价值小于比例上限确定的金额

在进行申购限制时，我们需要采取存量和增量相结合的管理方法，即判断一个投资者的申购指令能否完成，不仅要考虑本次的申购数量，还需要计算该投资者在注册地已经持有的基金份额。举例来说，一个注册地现有的基金规模为 a，某一机构投资者目前持有的该注册地的基金份额为 b，该投资者计划申购的基金规模为 c，那么，只有当 $(b+c)/(a+c)$ 小于注册地的最高比例限制时，申购才会成功。

（2）注册地资产总价值大于比例上限确定的金额

对于这类投资者，即使按照前面的方法测算，他的持有比例已经超过上限了，他的申购也仍然能够成功。不过在这种情况下，机构需要提供相关的资产证明（这里主要是指固定资产），如果该机构在这一注册地的资产总值确实超过了比例上限确定的金额，那么他就可以申购额外的份额。但是，投资者的基金持有量必须与资产规模相匹配，即在申购完成后拥有的基金份额总值不可以超过其固定资产价值。

3.5　基金利润分配

我国巨灾补偿体系的根本目标是为巨灾的防灾、救灾和抗灾等事务积累和筹集资金，以增强我国承受巨灾风险的综合实力。这一根本目标并不意味着未来的补偿体系是个社会福利性或者政府性的机构，而应是具有可持续发展能力的、充分预算约束的、必须考虑盈利能力的经济实体，必须同时兼有社会和经济功能。

3.5.1　基金利润分配原则

在基金利润的分配上，可以采取与风险、成本和收益相匹配的方式。其中的风险主要有：巨灾风险、投资风险、市场风险等，其中的成本主要指资金的机会成本（无风险收益的损失）、劳动力成本、管理成本等。这样对风险和成本进行匹配后分配，可以使利润分配合理化、针对化、有条理化。

3.5.2　基金利润分配顺序

基金的利润是基金的收入扣除各种费用，包括人员工资、管理费用、利息、税收等后的净利润，才能用于分配。

对于剩下的净利润，要分为两部分：社会账户和政府账户。分账户来谈。①社会账户：按规定上缴给国家账户的利润，余下的计入基金持有人的净值增值。②政府账户：公益补偿、商业补偿、前期资金不足的弥补等。

所以在未受灾的情况下，根据承担风险，成本与收益的大小，具体分配顺序如下：①各种运作费用或成本，包括基金日常经营中的员工费用、日常开支等方面，以及筹资成本，即发行 ILS 工具时的费用等；②税收，巨灾补偿基金的企业性质决定其应该纳税，不过由于其公益性质，政策理应给予一定的优惠，我们的建议是在早期可以完全免税，这样也能促进基金的成长和发展；④基金持有人投资份额增值。余下的净利润，将做为社会账户净值的增加部分，计入基金投资人净值中。如果投资人的注册地发生了约定的巨灾风险时，将按灾害发生时基金份额的净值的一定倍数进行商业补偿。虽然，正常情况下，巨灾补偿基金无法赎回，但却可以通过二级市场转让或巨灾发生时获得多倍补偿的方式，实现基金净值增加所带来的利益。

3.5.3　社会账户收益缴存

正如前面反复讨论的，巨灾补偿基金社会投资人，需要将自己投资收益的一定比例缴存到国家账户，以换取巨灾发生时，从国家账户付出的多倍于其持有基金净值的补偿金。所以，巨灾补偿基金收益的分配，如图3-2所示。

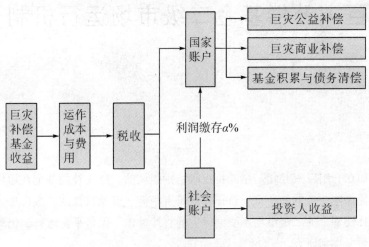

图 3-2   中国巨灾补偿基金收入分配

3.5.4   巨灾补偿基金风险的承担比例

由政府和社会共同出资设立的补偿基金，可理解为双方合伙共同面对巨灾风险或做巨灾风险的投资。按"甘苦共担、同比分享"的原则，可考虑各期以两账户的净资产余额为比例共同承担投资的收益或承担风险损失。

政府账户中首先由政府提供初始资金 x，在发行的巨灾基金中按净值比例占有一定份额。随着巨灾基金的发行，社会账户用于筹集基金购买者的资金和累积资金，每月向政府账户缴纳50%的账户资金增加额。缴纳的金额在国家账户累积起来，相当于购买了巨灾基金的份额，设为 y，那么社会账户按净值占比拥有巨灾基金份额。那么风险发生时，国家对其中损失的 $x/(x+y)$ 进行承担，而社会账户对其中损失的 $y/(x+y)$ 进行承担。

当政府账户资金出现负积累时，国家将采取发行特别债券等措施来筹集资金，相当于对巨灾基金加大份额购买，设增加部分为 p，所以国家对风险损失的承担比例为 $(x+p)/(x+p+y)$。这样按净值比例进行风险分担使得政府账户和社会账户都分担了风险，避免了由政府或社会账户单独承担全部风险的情况。

4 巨灾补偿基金二级市场运行机制

正如在介绍巨灾补偿基金的特点时特别强调的，巨灾补偿基金在运作上区别于普通保险业务的一个重要特征，就是有稳健、流动性强的二级市场。要确保巨灾补偿基金的二级市场不受到巨灾的直接冲击、保持平衡运行，仍然有许多问题需要详细研究。

4.1 巨灾补偿基金注册地变更机制

鉴于巨灾风险难以精算到具体投保人从而造成巨灾保险在商业上存在重大困难的现实，在巨灾补偿基金相关制度的设计中，我们设计了以注册地来替代具体的投保人。同时，考虑到人员及财产的流动，基金还设置了注册地变更机制，以更好满足投资人的需要。

4.1.1 注册地划分标准

巨灾注册地的划分是各种自然灾害区划研究中的一部分，其选取的是对整个社会经济造成重大影响和损失的样本，通过对比不同的巨灾危险性计算理论和方法的结果，研究巨灾风险的起源、巨灾风险的量化以及巨灾风险在时间、空间上的规律，将不同的地区划分为不同的巨灾风险区域。

注册地的划分标准，从本质上讲，和保险业务中按投保人预期风险损失大小及其补偿划分是一致的；唯一不同的是，巨灾补偿基金并不要求将巨灾风险精算到单个的投保人，而是根据对特定风险的认知程度，以预期巨灾风险损失的可区分性或差异性，进行等级划分。

而在巨灾风险补偿基金制度中，巨灾可以分为可预期的和不可预期的两种，由于两类灾害在暴发的频率和发生后造成的损失等方面有着显著差异，因此需要将他们加以区别对待。可预期的巨灾是一类经常性、发生前可以进行预测的巨灾风险，如台风、洪水等；而不可预期的巨灾是一类以人类目前现有的技术在发生前尚无法预测的风险，如地震、发生概率在五十年一遇或更低概率的巨灾事件。对于不同地区巨灾风险的划分，应根据我国巨灾的区域特征，结合更多的灾害频率和损失数据，建立相应的模型来确定。

总的来说，要区分不同地方的预期巨灾风险损失，直接相关的因素主要包括：巨灾发生概率、当地的财富总量以及巨灾与经济之间的关联程度。其中，巨灾发生概率是指巨灾发生的可能性。财富总量指一地的经济发展水平，或经济存量。通常经济越发达的地区，其财富总量也越高。由于财富分布本身极不均匀，因此，可以很容易想到，即使在同一行政区域，甚至一个较小的行政区域里，如果财富分布存在显著差异，在注册地上也应当加以区分。比如，城市中心、近郊、远郊；农村的村落区等。关联程度讨论的是巨灾发生时，可能给当地经济所造成的损失占财富总量的比例。

巨灾补偿基金注册地的划分应该保证不同的经济发展水平条件下巨灾补偿基金补偿的公平性。为保证巨灾补偿基金正常运行，我们必须根据不同的风险类别，统一量纲，建立一个全国级别的巨灾风险评估模型，并且这个模型应具有系统级的缩放能力，即在拥有足够的地区级数据时，可以把巨灾风险的评价瞄准到很小的一个区域内，系统本身不变。建立巨灾风险评估模型首先必须建立人口分布、自然地理背景数据库和历史地质背景数据库。其次通过确定性、概率性等多种分析方法，分析不同巨灾发生的可能性；在部分巨灾风险比较大的区域，可以建立场地数据库，分析场地条件对巨灾结构的影响。最后要考虑巨灾易损性和对损失结果进行估算，根据目前巨灾风险的研究状况，通过建立全国各种建筑物巨灾易损性矩阵、人员伤亡易损性矩阵和巨灾损失金额易损性矩阵来估计建筑物、生命线、人员伤亡及财产损失的结果。根据上述模型，统计各个地区风险模型所需的数据，将全国划分为不同的区域，确定注册地的区域范围，为巨灾补偿基金的定价提供基础。

由于我国地域辽阔，不同地区发生巨灾的种类和概率是不同的并且这些巨灾在不同时间和不同地区发生的情况也是很不相同的，所以如果要将各种巨灾风险进行综合，在全国范围内进行综合区划时，就需要选择一种标准，以此为依据进行划分。其中的一个标准就是预期损失，以预期损失的大小作为各种风险综合划分的依据。预期损失就是出现巨灾风险的概率与这种风险所造成的损失的乘积。

（1）可预期的巨灾风险预期损失的度量

可预期的巨灾风险最为典型的就是台风，在施建祥所著的文章中，选取了1985—2004年间在我国登陆的98次台风损失数据作为样本，并运用SPSS和Eviews等软件进行分析处理，最后选取了Pareto分布作为我国台风损失的分布，如式4-1所示：

$$F(x) = 1 - \frac{\lambda^{\partial}}{(\lambda+x)^{\partial}} \qquad\qquad 4-1$$

其中，$\lambda = 84.88763$，$\partial = 1.965171$。

而他们对1950—2004年间每年在我国登陆的台风次数进行统计分析后得到每年在我国登陆的台风次数服从泊松分布，如式4-2所示：

$$p(\xi=k) = \frac{\lambda^{k}}{k!}e^{-k} \qquad\qquad 4-2$$

其中，$k = 0, 1, 2, \cdots$，$\lambda = 5.77778$。

根据以上分布，可求出台风损失的密度函数和期望值分别为式4-3和式4-4：

$$f(x) = F'(x) = \frac{\partial\lambda^{\partial}}{(\lambda+x)^{\partial+1}}, \ x \qquad\qquad 4-3$$

$$E(x) = \int_{0}^{+\infty} xf(x)\,dx = \frac{\lambda}{\partial-1} = 87.95087 \ （亿元） \qquad\qquad 4-4$$

然后根据我国台风灾害服从的分布列出了不同程度的台风损失发生的概率，例如损失为1亿元的台风发生概率为0.9772；损失为100亿元的台风发生概率为0.2166；损失为1000亿元的台风发生概率为0.0067。对于经常性发生的巨灾风险，巨灾补偿基金可以自身或委托专门机构建立上述的计量模型，来估算出这种类型的巨灾风险的平均损失，确定不同基金注册地的区分标准，从而为确定恰当的补偿标准、补偿方式、补偿额提供依据。

（2）不可预期的巨灾风险的损失度量

不可预期的巨灾风险最为典型的就是地震，大多数的地震损失研究采用易损性分类清单法，即对给定的研究区域，在一定的地震裂度范围内，分别预测评估各类结构设施的破坏损失，继而相加得到总损失。

首先，最直接的地震损失表达方式是货币损失比率和被破坏的建筑物比率。损失率和破坏率的具体定义为：

损失率（DF）= 货币损失/重置价值   4-5

破坏力（DR）= 破坏的建筑物数目/建筑物总数   4-6

从给定的地理区域内的统计样本数据，可以计算破坏率和平均损失率。

用破坏概率矩阵（**DPM**）来对给定的地震烈度下的设施破坏状态进行描述，我国目前采用的是 5 类破坏状态系统。破坏概率矩阵中以符号 P_{DSI} 表示给定地震烈度下一定破坏状态将会出现的概率，不同矩阵元素的百分数是由经验数据资料得出的期望数值。

根据破坏概率矩阵，对一给定地震烈度下 i 类建筑的平均损失率由式 4-7 给出：

$$MDF_i = \sum_{DS=1}^{s} P_{DSI} \times C \qquad\qquad 4\text{-}7$$

其中，MDF_i 为给定烈度下的平均损失；DS 为破坏状态；P_{DSI} 为一定烈度下给定破坏状态的概率；CDF_{DS} 为给定破坏状态下的损失率中值。

最后，对给定的设施 i，烈度为 I 时的预期损失用式 4-8 计算。

$$预期损失 = 重置价值_i \times MDF_I \qquad\qquad 4\text{-}8$$

因为地震损失评估分类清单法，在使用中需要研究地区所有建筑设施详尽的分类资料库，而我国很多地区并没有这样可用的资料。

巨灾发生时，基金需要向受灾的基金持有人进行补偿，这是基金最主要的资金用途，也是设立巨灾补偿基金最主要的目标。相比于巨灾保险，补偿金的发放条件和标准是事先确定的，不仅体现了公平性而且为巨灾发生后进行迅速补偿提供了可能，因为不用等到给政府上报具体损失额就可以进行补偿。

4.1.2 不同险种的注册地划分

4.1.2.1 注册地划分方法与指标计算

根据前面对划分标准的说明，可以按一地的财富总量、巨灾风险概率和巨灾风险经济关联程度来划分。具体操作中，可分别评级后进行评分，再根据最后得分进行注册地的划分。

例如，将一地的财富总量按人均值分为 10 个等级，分别从 1~10 给分；巨灾风险概率也按 1~10 分计分，再将巨灾经济关联性同样按 10 级分类评分。设各项得分分别为：财富总量得分 Sw，巨灾发生概率得分为 Sc，风险与财富总量间的关联性得分为 Sr，则注册地 k 在该巨灾风险 C1 的注册地分级得分，可由式 4-9 计算：

$$S_{kc1} = S_w * S_c * S_r \qquad\qquad 4\text{-}9$$

再根据 S_{kc1} 的得分，从 1~1 000 分，每 100 分为一级进行分类，最后可以将某一巨灾风险的注册地分为 10 个大类，如果必要，可在每 100 分的等级中，再按每 10 分为一级共分 100 级。

可以看到，注册地区划得分越高，表明这一注册地的财富总量较大、同时也面临较严峻的巨灾风险，而且巨灾与财富损失之间有较强的相关性。这也意味着在这一区域的投资人更容易遭受巨灾风险并受到较大的损失。这一区域的主体也更应当适当多做一些巨灾补偿基金的投资，以防面临巨灾风险时，能及时足额从基金得到补偿，以利于灾后的迅速恢复和重建。

上述只是就一种巨灾风险进行注册地划分的公式。事实上，许多注册地可能同时面临多种巨灾风险的影响。这意味着，同一行政区划或自然区划的区域，在不同巨灾风险上，可能分属于不同的注册地分区，因此，在面临不同的巨灾风险时，其补偿比例等，也可能不同。例如，在描述某注册地时，可能会是：注册地 k，地震巨灾区划 7 级、台风巨灾区划 1 级、洪涝巨灾区域 5 级。由于巨灾风险之间有较强的独立性，因此，很难将多种巨灾风险简单加总或归为某个变量来统一指代某一注册地的巨灾区划或分区。

4.1.2.2 地震注册地划分

（1）地震灾害发生特点

地震属于一种多发、同时不可预测的巨灾，地震的发生同时有很大的可能性引发其他次生灾害的出现，若发生在人口聚集的区域更是会带来难以预计的损失。地震灾害造成的损失有以下特点：①主要的损失是由房屋倒塌和地面破坏造成的，尤其是城市中楼房较多的区域损失更是严重。②地震时火灾是最为严重的次生灾害，所产生的损失更是不能忽视。因此在城市煤气如此普遍的今天，地震火灾更是损失的主要来源。③山区的地震灾害泥石流以及山体滑坡是主要的次生灾害，这对山区群众生命财产安全造成了巨大的威胁，同时还会影响灾后救援的开展，使得损失不能及时控制。

（2）地震发生区域分布

中国位于世界两大地震带——环太平洋地震带与欧亚地震带之间，受太平洋板块、印度洋板块和菲律宾海板块的挤压。我国的地震活动主要分布在五个地区的 23 条地震带上，分别是：台湾省及其附近海域；西南地区，主要是西藏、四川西部和云南中西部；西北地区，主要在甘肃河西走廊、青海、宁夏、天山南北麓；华北地区，主要在太行山两侧；东南沿海的广东、福建等地。我国的台湾位于环太平洋地震带上，西藏、新疆、云南、四川、青海等省区位于喜马拉雅—地中海地震带上，其他省区位于相关的地震带上。

华北地震区：包括了河北、河南、山东等省的全部或部分地区。在五个地震区中，它的地震强度和频度仅次于"青藏高原地震区"。由于首都圈位于该区域内，所以非常重要。在这个区域内人口以及建筑群都非常密集，交通也非常发达，同时这也是我国的政治经济文化中心，如果发生地震灾害损失是非常严重的。

华南地震构造区：新生代构造整体比较稳定，构造运动幅度和地震强度都较小，只有东北沿海以及长江中下游一带较为严重。构造线和地震断层以北东向为主，北西向次之。

台湾地震构造区：包括台湾省及其邻近海域，是中国地震活动最频繁的地区。该区地震的发生与太平洋弧构造、台湾岛及周围的活动构造运动相关。地震断层呈北东向，为逆-左旋走滑性质。

新疆地震构造区，是中国强震多发区之一。地震发生与巨大的新生代挤压型盆地及其间的造山带运动有关。最大的准格尔和塔里木盆地内部比较稳定，很少有地震发生。其间的天山、阿尔泰山强烈隆起，地震多发生在山区与平原区交界处。地震断层呈东西或北西走向，北西及北北西走向者多以挤压兼右走滑为主。由于新疆地震区人口并不密集，经济也不是很发达，尽管地震发生多，但发生在山区造成的人生和财产损失其实并不严重。

（3）注册地区划分析

在进行地震灾害的注册地区划的时候，我们主要根据地震地区分布情况将注册地分为五个区域：①华北地区，包括河北、河南、山东、内蒙古、山西、陕西、宁夏、江苏、安徽等省份；②西南地区，主要包括西藏、四川、云南；③西北地区，包括青海、新疆、甘肃、宁夏；④东南沿海地区，包括广东、福建等地；⑤台湾地区，包括台湾省及其邻近海域。在这五个注册地中，华北和西南地区发生大地震的概率相对要大得多。

4.1.3　干旱注册地划分

（1）干旱灾害发生特点

我国北方地区大部分是内陆地区，干旱是非常常见的一种灾害，同时影响的区域非常广，发生频繁，危害很大，最重要的是延续时间长。严重持续的干旱甚至会造成沙漠化，严重威胁当地百姓的生活和工作，更影响到我国经济和社会的可持续发展。干旱虽然不会对百姓的生命财产造成直接的威胁，但是干旱是我国最为常见，同时也是对农业生产影响最大的气候灾害，如若发生灾害，受灾的范围之广可能会大于其他几种巨灾。干旱是指水分的收支或供求不平衡而形成的水分短缺现象。我国位于东亚，季风气候最为明显，而季风气候的不稳定性则是我国干旱大范围发生的主要原因。干旱严重影响到我国的农业生产工作。我国的干旱大约每两年就会发生一次较为严重的，造成的粮食减产的数量巨大。

就我国的情况来看，各地干旱灾害的出现与雨带推移、季风强弱关系密切。在夏季时期，季风向北移动，北方冷空气较强的时候，雨带则在南方停留较长的时间，就形成了南涝北旱；反之，北方干冷空气较弱时，雨带较快越过南方地区，北方则会发生涝灾，而南方则出现旱象。我国主要的干旱情况有以下特点：①干旱灾害面积广，但分布不均匀，黄淮海地区占了全国受旱灾面积的50%左右；②干旱灾害出现频度高，持续时间长。我国许多地区会出现连续两个季节的干旱，甚至有时会有三季。③干旱常伴随着高温。许多干旱灾害并不严重，但是同时出现了高温则会使旱情进一步加重。

（2）干旱发生区域分布

我国的旱灾分布区域性比较明显，主要可以分为四个区域：①华北旱灾区：阴山与秦岭间的华北平原、黄土高原西部。②华南和西南旱灾区：南岭以南的广东与福建南部、云南及四川南部。③长江中下游旱灾区：湘赣南部。④东北旱灾区：阴山以北的的吉林省和黑龙江南部。

东部地区：西部的白城、哲里木盟、赤峰等地为较为严重旱灾区；兴安盟、呼伦贝尔盟、朝阳等地为重旱区；佳木斯、吉林和辽宁中部等地为中等干旱区；其他地区为轻旱区。本区干旱主要集中在4月至8月。

黄淮海地区：河北北部、山西北部和沿黄河地区以及山东的泰安、临汾、烟台、威海为本区的重旱区。郑州、石家庄、枣庄等地为轻旱区，其余中旱区。其中，本区的连旱最为严重，是我国受旱面积最大的地区。

西北地区：极旱区包括了陕北的定边和内蒙古的东胜、乌审旗；陕西的榆林、延安、渭南和甘肃的白银、庆阳等地属于重旱区；西安属于轻旱区；兰州、宝鸡等就属于中旱区。

长江中下游及浙闽地区：上海、江苏的扬州等，浙江的杭嘉湖等地区位于平原水网区，灌溉条件好，属于微旱区；其余属于轻旱区。

华南、西南地区：西南地区除四川和云南部分地区为重旱区外，多数地区属于轻旱和中旱区，而这一地区的干旱主要出现在秋末、冬季及初春。

（3）注册地区划分析

根据我国旱灾的具体情况，在具体划分旱灾巨灾补偿基金的注册地时，可以形成以下四个区域：①华北地区：包括华北平原和黄土高原，多发春旱；②华南和西南地区：包括广东、福建、云南及四川等，多发冬春连旱；③长江中下游地区：包括湖南、江西、江苏、浙江等，多为7~9月伏旱；④东北地区：包括吉林、辽宁和黑龙江，多为春夏季节的旱灾。

在我国的四个主要干旱区划地中，华北地区的干旱概率最大，持续时间最长，损失也最严重，是全国受灾最为严重的地区；而相应的长江中下游地区的旱灾发生概率就非常小了。在设置补偿的时候必须充分考虑不同注册地区域在损失上的差异性。

4.1.3.1 洪涝注册地划分

（1）洪涝灾害发生特点

人们对洪涝灾害往往存在着误解，认为洪涝灾害仅指一种灾害。然而实际上，洪涝灾害包括着洪灾与涝灾两种诱发原因不同的灾害。洪灾主要的诱发原因是河水的泛滥，而涝灾主要的诱发原因是大雨或暴雨的持续倾袭。两者虽然诱发原因存在着差别，但在本质上仍然是由于庄稼或田地遭到积水的破坏从而引发的灾害。

由于我国面积广阔再加之地形、气候等各种原因，导致洪涝灾害频繁发生，并且对我国的经济发展等方面造成了严重的影响。在我国，洪涝灾害的特点主要集中在以下三个方面：

第一，洪涝灾害发生的频率较高。由于我国的国土面积广阔，并在各个地区分布着各种河流，因此在降雨季节，河流的水位上涨导致洪灾的发生。再加之我国是典型的季风气候，每当夏季降雨就会十分集中，导致我国洪涝灾害频繁发生。

第二，洪涝灾害的发生较为集中。上文提到我国是典型的季风气候，降雨主要发生在夏季。因此，夏季成为洪涝灾害集中发生的季节。

第三，洪涝灾害造成的损失巨大。由于洪涝灾害在我国发生的频率较高、并在一个季节中频繁发生，导致了洪涝灾害造成的损失巨大。再加之，洪涝灾害不仅对田地、农作物造成严重的危害，甚至会危害到城镇的道路以及经济发展，使得损失进一步扩大。以上两个原因也使得洪涝灾害造成的经济损失远远超过其他的自然灾害。

（2）洪涝灾害发生的区域分布

上文中提到我国的地形较为复杂，并非一马平川，我国的地形主要有平原、高原以及山地。复杂的地理形势使得河流上游在高原、山地，而下游集中在平原，再加之我国的耕地、工业区等主要集中在河流的中下游平原地带。这样一来，洪涝灾害的侵袭就较为严重。

由于我国的高原、山地主要集中在西部以及北部而平原则主要集中在东部以及南部的沿海地带，这样就使得我国洪涝灾害的分布也主要集中在东南部以及沿海地区。再加之我国季风气候的影响，从春季开始，降雨主要集中在江南地带，进入夏季后转为长江下游地区直至秋季再转入江南地区，随后降雨减少。

华南地区：从上图的洪涝分区可以清楚地看出华南地区为我国的多洪涝区，从每年的3月开始就逐步进入多雨时节，直至9月份降水量逐步减少。在夏季发生洪涝灾害的可能性最大。

长江中下游地区：该地区也是我国的多洪涝区，从每年的4月份开始直至8月份下旬，降水量普遍很高。其中，6~7月是梅雨季节，发生洪涝灾害的时间基本集中在这段期间。

黄淮海地区：该地区同样也是我国的多洪涝区。这一地区的洪涝灾害主要集中在夏季的7、8月份，在春秋两季的洪涝灾害程度则较轻。

东北地区：该地区属于我国的次多洪涝区。造成洪涝灾害的主要原因是东北地区积雪较多，在春夏天气变暖时使得积雪融化，容易造成洪涝灾害。

西南地区：该地区次洪涝区仅占一小部分，少洪涝区占大多数。发生洪涝的时间也主要集中在夏季，云南、四川、重庆等地夏涝较为严重。

西北地区：该地区属于我国的最少洪涝区。这一地区主要的地理形势为高原与山地，身居内陆，受季风气候的影响较小，因此遭受洪涝灾害的机率较小。

（3）注册地区划分析

通过上文中对我国洪涝灾害的区域划分可知，对洪涝灾害的巨灾补偿基金注册地进行选择时，应当选择我国发生洪涝灾害较多的地区。同时，搭配不同的时间段选择不同程度的补偿比例。

由上文可知，洪涝灾害巨灾补偿基金的注册地应当主要集中在以下四个地区：华南地区、长江中下游地区、黄淮海地区以及东北地区。对于华南地区，主要是指广东、广西以及福建等地；对于长江中下游地区，主要是指浙江、江西、湖南等省份；对于黄淮海地区，主要是指山东、河北等省份；对于东北地区，主要是指东三省。

4.1.3.2　台风注册地划分

（1）台风灾害发生的特点

台风灾害发生的特点主要有以下三个方面：

第一，台风发源地比较固定。台风灾害有别于其他自然灾害的主要特点是，台风的发生需要一定的自然条件。也正是由于这一原因，台风灾害的发生区域相对比较集中与固定。

第二，台风灾害的危害地区广泛。虽然台风的发源是在特定的地区，但是，由于我国地处太平洋的西北方向，正好在台风移动的路径之上，因此，我国的沿海地区都有可能受到台风的影响，致使受危害地区扩大。

第三，台风灾害的损失大。虽然，台风发生的时间不像其他自然灾害那样有较长的时间，但是在每年的盛夏季节，台风登陆我国时都会对登陆的省份造成巨大的财产损失，甚至造成人员的伤亡，损失惨重。

（2）台风灾害发生的区域分布

上文中已经提及，台风的发源地主要是热带或副热带的洋面上，即主要在西太平洋洋面上。台风形成之后，移动的路径主要是西北方向，因此位于西太平洋西北方向的地区将会受到台风的侵袭。我国的地理位置主要处于西太平洋的西北方向，因此，我国的东南沿海地区深受台风灾害的影响。遭受台风侵袭最多的省份是我国的台湾、福建、广东以及浙江等省份。

虽然在大多数情况下，台风的移动路径比较固定，不会发生较大的偏转。但是，也有极少数的台风会有突然改变移动路径的情况。因此，在我国台风的移动路径主要分为以下三条：

第一条，西北路径。沿此路径袭来的台风主要在我国的华南、华东地区登陆。不仅如此，还经过我国的台湾省以及台湾海峡。因此，沿西北路径袭来的台风对我国的影响范围广，造成的损失巨大。

第二条，西移路径。沿此路径袭来的台风主要在我国的华南地区登陆，主要对广西、广东等省份有较大的影响。

第三条，转向路径。这一路径主要包括向北偏转或是向东北方向偏转。虽然这一类型的台风主要在日本登陆，但是也有一小部分会在我国的山东半岛或辽东半岛登陆，对华北及东北地区造成危害。

（3）注册地区划分析

对台风灾害的巨灾补偿基金注册地进行划分时，应当针对受台风危害的严重程度以及受台风侵袭的时间进行有针对性的划分，主要可以形成以下四个地区：

浙江省等沿海地区：这一地区受台风的危害主要集中在5、6月份。

华南、华东以及华北地区：这一地区受台风的危害主要集中在7、8月份，主要包括广东、浙江以及山东等沿海省份。

长江口以南的地区：这一地区受台风的危害主要集中在9、10月份。

汕头以南以及台湾省：这一地区受台风的危害主要集中在11、12月份。

综上所述，我国受台风灾害的影响主要集中在夏季的东部沿海地区。因此，台风灾害的巨灾补偿基金在这一时间段以及这一地区的补偿比例应当适当高出其他时间段以及其他地区。

4.1.4　注册地变更的原因

巨灾补偿基金的注册地，相当于为保单确定具体的被保险人，是为了界定某笔巨灾补偿基金的补偿责任的空间范围而设置的。通常情况下，投资人会以自己个人及家庭人员、财产的所在地为其投资的注册地，让自己最关注的人和财物处于"被保护"的范围内，一旦发生约定的巨灾，则可以得到约定的补偿，这是最简单、最直接的巨灾风险防范方式。倡议建立具有"跨时间、跨地区、跨险种"，以基金注册地作为确定损失和理赔单位等方式的巨灾补偿基金，对于突破我国巨灾保险市场落后、巨灾风险难以精确测算到个别投保人等一些障碍具有十分重要的意义，并能很好地分散巨灾风险和提供风险保障，对维持经济和社会稳定具有重要的理论和现实意义。

巨灾补偿基金的注册地在初始申购确定以后并不是不能更改的，它可以在交易系统中进行更改，但是必须合乎相关要求。对巨灾补偿基金注册地的更改主要分为两个方面，一个是主体未变更的更改，一个是主体变更的更改。

投资人所关注的人可能因为学习、工作、旅游等原因而离开投资时的原注册地，这会导致这些原本受到保护的人员暴露在巨灾风险之下。同样，原本受保护的财产，也可能因为交易、运输、转移等而离开原来的注册地。此时，变更注册地，巨灾补偿基金的持有人并没有发生变化，只是单纯地变更注册地，并没有交易介入。在这种情况下，巨灾补偿基金的最短持有期限不需要重新进行计算，只是未改变注册地前的延续，只要注册地变更前的持有时间加上变更后持有的时间超过了最短持有时间，巨灾补偿基金的持有人就能在灾后获得全额补偿。因为巨灾补偿基金持有人并未发生变化，同时灾后获偿有提供身份证和资产证明并与注册地比较的要求，使得不存在常态性巨灾风险的投机行为，所以最短持有时间不需要重新计算，叠加计算即可。

巨灾补偿基金为了维持资金的稳定性，认购和申购后，在未发生巨灾的情况下是不允许赎回的，只能通过二级市场交易。也有一部分投资人可能出于投机或投资的需要，希望根据自己对未来巨灾风险的预测而更改注册地，如果自己的预测是正确的，则可能获得多倍的补偿，实现巨灾风险预测套利交易产生了巨灾补偿基金持有人变更注册地的需求。对于这种注册地的变更，实质上购买者相当于在二级市场上按照交易价格申购了巨灾补偿基金，变更注册地后需要按照新申购巨灾补偿基金的要求重新计算巨灾补偿基金的持有时间，必须在持有期满一年后才能在灾后获得全额补偿。这样要求是为了防止对常态性巨灾风险的投机行为。因为如果没有这种规则要求，在某个区域某种巨灾的高发季节即将到来之前，基金投资者可以通过二级市场大量买入该地区的巨灾补偿基金，如果巨灾真的发生，他将不花费任何成本地获得额外补偿，如果过了这个高发季节巨灾未发生，他可以卖出巨灾补偿基金，没有任何损失。为了杜绝这种情况的发生，主体变更的注册地更改，巨灾补偿基金的持有时间必须清零重新计算。

正是因为注册地变更可能成为投机的重要方式，所以，一方面要根据实际需要允许注册地的变更，另一方面，要适当限制注册地的变更，以规避过度投资的风险。因为尽管投资巨灾补偿基金前投资者都会制订一系列的投资计划，但并不能保障补偿基金一定能够实现预定的投资目标。所以投资者需要根据自身的风险承受能力和个人偏好进行必要的投资收益预期调整，以缓解基金净值变化对情绪造成不利的影响，从而更好地调整自身的投资心态。注册地的变更也就顺应了投资者的这一心理，有利于投资者更好地进行投资。

过度投机风险的危害，从大的方面看，巨灾补偿基金作为一种金融投资工具，如果存在大量的投机行为，将会阻碍证券市场健康有序的成长，扭曲市场的资源配置，使得有发展潜力的企业得不到资金支持，阻碍企业的发展，制约市场化改革的进程，从而对整个国民经济的发展造成损害。从小的方面看，巨灾补偿基金建立的根本目的是对巨灾风险进行跨时间、跨空间、跨地区的分散管理，为人们提供巨灾风险保障，在平时积蓄全国的资金力量，当巨灾发生的时候能够及时对受灾群众进行有力的救助，为受灾地区的灾后重建工作提供帮助，减轻政府的经济压力，实现社会的稳定。而对巨灾补偿基金的过度投机行为一方面以牺牲广大人民群众的利益寻求自身的灾难效益，违背了基金建立的根本目的，违背了补偿制度的公益性，使基金的性质发生了改变，成为了牟取暴利的工具；另一方面，如果同一时间同一地点存在大量的同险种巨灾补偿基金持有者，当这种巨灾发生时，巨灾补偿基金的政府资金账户将支付大量的资金补偿，这无疑是一个巨大的压力，虽然一旦政府资金账户资金短缺，政府会给予资金帮助，但是这样就违背了建立巨灾补偿基金分担政府资金压力的目的，同时也会对巨灾补偿基金产生影响，大大缩小基金的规模，降低基金应对其他巨灾风险的能力，制约基金的发展。为了防止过度投机，即使变更注册地，基金投资的最短持有期至少应包含这类巨灾一个发生周期。但也不能过长，过长会限制基金的流动性，伤及投资人的积极性。

4.1.5 注册地变更的影响

巨灾补偿基金的注册地在初始申购确定以后并不是不能更改的，它可以在交易系统中进行更改，但是必须合乎相关要求。更改注册地之后，由于变更注册地的原因不同，其影响也不同，需要从以下三个方面考虑：

4.1.5.1 主体不变更的避险型注册地变更

只是单纯地变更注册地，虽然没有交易介入，相当只是未改变注册地前的延续，但为了规避过分投机，在某些巨灾风险，特别是像洪涝或台风一类季节性发生的巨灾可能出现时，会出现疯狂将注册地变更到可能出险的地区的情况，这就要求变更主体必须能提供属于避险型变更的证明文件，才能连续计算基金的最短持有时间。这些证明文件的目的是说明：与主体存在直接利害关系的人员或财产在原注册地和变更后的注册地之间，存在事实的、必要的转移。例如：子女从原注册地到新注册地入学、就业，公司财产从原注册地转移到了新注册地等。在这种情况下，基金持有的最短时间将连续计算。

4.1.5.2 主体不变的非避险型注册地变更

虽然基金的持有人主体没有变，但无法证明属于避险型注册地变更或所提供的证明无效时，将从变更注册地后重新计算最短持有时间，这一规定的目的，是为了避免某些巨灾可能发生时的过度投机。

对于可能出现的虚假证明或故意弄虚作假等行为，政府主管部门应按扰乱金融秩序的相关规定处理。

4.1.5.3 主体变更同时的注册地变更

对于这类注册地变更，应重新计算最短持有时间，其目的是防止对常态性巨灾风险的投机行为。因为如果缺乏相应规则要求，在某个区域、某种巨灾的高发季节即将到来之前，基金投资者可以通过二级市场大量买入该地区的巨灾补偿基金。极有可能出现一些机构投资人过分集中注册于某些较小注册地，甚至出现操纵这些注册地基金，影响到相应注册地真正有避险需求的投资人，可能会使得巨灾补偿基金偏离其最初的社会目标。

但是，在主体发生变更的情况下，适度的投机行为也有存在的合理性。利用巨灾风险套利的做法，有发灾难财的意味，看似"不道德"，只要不过度投机，并能被控制在一定范围内，也有促进市场流动性、增强基金对普通投资人吸引力的作用，也能提高市场对基金定价的准确性，有助于将一些有关巨灾风险的相关信息及时、全面地反映到市场上，为防灾、减灾提供可资参考的信息。

如果设定最短持有期一年的实际天数，并规定巨灾发生时的补偿额与持有期限与式4-10挂钩，则最短持有期天数将与实际补偿额直接联系起来。

实际补偿额＝全额补偿额×（实际持有天数/当年的实际天数）　　　4-10

从这里的规定可以看到，为了防止过度投机，硬性规定了二级市场转让基金时需要重新计算最低持有期，即使是有真实避险需求，也不例外。这一看上去不近情理的规定，是为了降低大量二级市场交易中为了证明真实避险需求时带来的高昂的交易费用，同时，也是为了保护一级市场基金发行的需要。

在具体的执行中，为了保护真实避险需求、控制投机行为，也可补充相关规定：

（1）变更注册地前最低持有期。即只有在原注册地的持有期满一年及以上，才能申请变更注册地，否则不能变更注册地。这样能防止注册地的频繁更换，有助于市场的平稳发展。

（2）真实避险需求证明。如果投资人希望获得全额补偿，在申请变更注册地时，应提交人员或财产从原注册地转移到新注册地的相关证据或证明，例如：学生的录取通知书与入学证明、新项目的批准文件、居住证明等相关文件。最大限度地保护真正有需求的投资者。

（3）必要的时候，对个人可按人数设置最高可更改注册地的投资额度，在这一额度下，可获得全额补偿；超过部分，按一定比例逐级递减补偿进行灵活处理。

4.1.5.4 最短持有期规定与基金一、二级市场的关系

前面已经提到，规定二级市场基金交易后需要重新计算最短持有期，一方面是为了防止二级市场对某些巨灾风险的过度投机，另一方面，也是为了保持一级市场基金的发行。这就涉及最短持有期规定下一、二级市场之间的平衡问题。

如果对二级市场基金交易不设最短持有期要求，而一级市场新发行的基金则有这样的要求，则一级市场相对于二级市场的基金将处于相对弱势的地位，容易导致一级市场发不出去，而二级市场上的基金被疯狂炒作的可能。反之，有了这一规定，一方面，在二级市场出手转让基金的卖方因为这一规定要和买方共同承担最短持有期重新计算的成本，势必会更加小心谨慎以决定是否转让基金，以避免草率出让后面对巨灾时的风险暴露；另一方面，对于买方而言，则多了一种选择，就是在一级市场和二级市场上购入基金的选择。

此外，如果为了保护部分真实避险需求而规定对有真实避险需求的二级市场转让免除最短持有期的要求，则存在两方面的问题：一是前面提到的对真实避险需求进行验证所带来的高昂的交易成本；另一方面，是对最早因为真实需求购买基金的投资人不公平的问题。最早一批购买基金的、有真实避险需求的投资人，都只能从一级市场购买"原始"基金，其最短持有期都是从零开始

计算的，如果以后的投资人可以通过二级市场回避掉最短持有期要求，这显然是有失公允的。

可以看到，最短持有期规定的设置，同时兼具防止二级市场过度投机和平衡一、二级市场关系的作用。最短持有期长短的具体规定，可根据相关灾害研究对巨灾风险的预测能力变化进行必要的调整。由于部分与气候相关的巨灾具有较强的周期性，特别是以年为时间单位的周期性。因此，我们认为，这一最短持有期可以 1 年为基础来规定。

4.2　巨灾补偿基金受益人问题

从前面的分析可以看到，巨灾补偿基金的投资，因为是半封闭式的，投资人不能随时自由赎回自己的份额，份额的注册地没有发生巨灾时，只能在二级市场转让其基金份额才能套现。但是，随着投资时间的延长、巨灾的发生以及其他多种因素的影响，巨灾补偿基金的投资人可能会出现因灾死亡等多种情况，这时投资人权益的转移等问题就需要探讨了。

4.2.1　投资人作为默认受益人

正常情况下，巨灾补偿基金的投资人自然成为默认的受益人，也就是说，如无投资人的特别指定或其他特别的原因，投资人将自然成为巨灾补偿基金权益的受益人。这是谁投资、谁受益的原则的具体体现。

为了赋予投资人充分的选择权，在基金发行或二级市场转让后注册时，应当像保险单一样，为投资设置选择受益人的权利和机会。

4.2.2　投资人指定受益人

投资人除了自己作为巨灾补偿基金的受益人外，还可以指定自己以外的任何一人或多人作为其投资权益的受益人。投资人和受益人之间，可以有特定的某种关系，也可以没有任何关系，均可作为指定的受益人。

如果投资人要指定多人作为其投资权益的受益人时，还可以在不同受益人享有的比例、顺序等方面做进一步细化的指定。

4.2.3　投资人身故无指定受益人而有继承人

在巨灾之中，投资人因灾身故的事经常发生。如果投资人在巨灾中死亡，而生前又没有明确指定受益人时，可按我国的继承法相关规定，通过法律程序指定法定受益人。具体操作过程中，如果投资人生前立有遗嘱或类似的法律文件，而其中没有对巨灾补偿基金的权益做出任何特别的约定或说明时，可将巨灾补偿基金的投资权益做为投资人遗产的一部分，遵照其遗嘱同等处理。否则，按法定程序处理。

4.2.4 投资人身故且无受益人和继承人

在一些巨大的灾难中，成千上万的人因为巨灾而辞世，有时会出现一家、甚至一大家人同时遇难的情况。如果投资人在灾难中身故，而生前未指定受益人或指定的受益人及其继承人，以及投资人的法定继承人均已身故时，建议可将其投资权益列入巨灾补偿基金国家账户下的专门账户，用于救济其他受害人或其他公益事项。

通过以上分析可知，在巨灾补偿基金的一级和二级市场上，对每一个新的投资人或从二级市场买入基金份额进行注册登记的投资人，都应赋予他们选择和指定受益人的权利。这应该成为巨灾补偿基金发行和转让过程中一个基本的法定程序。

4.3 巨灾补偿基金二级市场交易形式探讨

虽然巨灾补偿基金有其特殊性，但在二级市场交易形式方面，我们认为完全可以同类似当前市场已经有的基金或其他证券一样，在证券交易所进行公开交易。其基本的交易流程、方式、机制等，都可以和当前股票与债券市场的保持一致。但鉴于巨灾补偿基金更类似于基金而不是股票，我们认为可更多地参照开放式基金的交易模式，逐日计算和公布基金净值、不同注册地不同巨灾风险下的补偿倍数、不同注册地的投资余额、各注册地不同巨灾风险相关的历史数据、交易的历史数据等，都应公开化和透明化，包括巨灾补偿基金商业补偿倍数的计算方法、过程、调整程序等，也应保持公开和透明化，以便投资人能充分利用相关的公开信息，有效地对巨灾补偿基金定价。详细的补偿倍数及定价方法，将在下一章中深入讨论。

4.3.1 交易价格公示方式

巨灾补偿基金不同于其他基金或产品的一个特征，是基金在二级市场的价格，不仅取决于出让方持有的基金份额的净值，还与基金原注册地、买方是否会变更注册地以及更改后的注册地有关，这是因为基金的价值在很大程度上取决于巨灾发生后，能从商业性补偿中获得多少倍的补偿。

因此，巨灾补偿基金在公示价格时，不仅要公示当前基金的净值，同时，还需要说明基金的注册地和相应注册地的补偿倍数。建议在操作时，对所有注册地进行统一编码，而且相应的编码应当可以直接解读出对应的注册地信息，并能用于计算不同注册地之间的换算系数。

例如，我们以 D、H、T 分别表示地震、洪涝和台风，同时使用前面介绍的注册地分级指标表示该注册地在某一风险种类下的分级，用阿拉伯数字表示，如果一注册的编码为 D3H5T7，则表示该注册地的地震灾度为 3 级、洪涝为 5 级而台风为 7 级。所以，某一注册地的基金，在报价时，将报为：基金净值 112.8 元，注册地代码为：D3H5T7。

4.3.2 不同注册地基金价格的换算

面对一长串的注册地代码，如果在不同注册地之间基金份额的价格之间进行换算，相应的换算是否科学合理，直接关系到二级市场的交易能否流畅、顺利地进行。只有前面的注册地代码，还不足以进行交割价的计算，还需要不同注册地不同风险的分级对应的巨灾发生概率和补偿倍数，才能进行换算，换算系数 E 可表示为 4-11：

$$E = \sum_{c=1}^{n} p_{jc} * cp_{jc} / \sum_{c=1}^{n} p_{kc} * cp_{kc} \qquad\qquad 4\text{-}11$$

式中，p_{jc} 表示注册地 j 发生巨灾风险 c 的概率，n 表示注册地 j 面临的巨灾风险的种类数目，分子上相当于是以巨灾发生概率为权重，加权计算了注册地 j 的平均补偿倍数；而分母则计算的是注册地 k 的平均补偿倍数。其中不同注册地发生某种巨灾的概率，是在对注册地分级时的重要依据，可以进行公示，任何人都可以进行查询。为了操作时方便，在一定程度上，可将某种巨灾的注册地分级与发生巨灾的概率对应起来，则使用时会更加方便。还有一种办法，就是只要输入注册地代码，就可以自动显示出该地的加权平均补偿倍数。

更为直接和便利的办法，是在公示补偿基金价格时，同时显示其净值和加权平均补偿倍数。不同投资人，可以根据基金原注册地的加权平均补偿倍数和自己想更换的注册地的加权平均补偿倍数进行换算，作为其出价的基础和参考，前面的例中，也可使用：基金净值 112.8 元，加权平均补偿倍数为 3.2 倍。

4.3.3 注册地换算系数的调整

即便有了不同注册地的换算系数，不同注册地的基金之间进行交易，亦未必会完全按照换算系数进行交割，原因是：加权平均补偿倍数，只是对未来补偿倍数的预期，中间差了一个很重要的参数，那就是：时间。

对于加权平均补偿倍数完全相同的基金，如果不同注册地发生某种巨灾的时间顺序上有先后，那么先发生的地方，其基金的价值更高，原因是货币的时间价值。很遗憾的是，要准确预测哪个注册地最先出现巨灾是十分困难的，但正因为这种预测或预期上的差异，不同的投资人才会形成各自独特的看法，市场才能得以运转。

可见，投资人在二级市场买卖巨灾补偿基金时，不仅要参考基金当前的净值、预期的补偿倍数，还要考虑补偿可能发生的时间、补偿倍数在将来的变化（详细讨论请见下一章）等因素，才能更为准确地确定基金的价格。

4.3.4 基金价格指数

由于不同注册地的基金，其预期的补偿倍数可能不同，其交易价格也可能不一样。因此，对于巨灾补偿基金而言，其价格指数最重要的，是说明相对于基金的净值，其成交价格是高于、等于还是低于净值，至于基金本身增值导致的基金价格变化，则可体现到净值本身的变化中。

因此，某注册地 j 的巨灾补偿基金的价格指数，可表示为 PI_j：

$$PI_j = \frac{p_s}{E * NV} \qquad\qquad 4-12$$

式中，E，就是前面讨论过的转换系数，PI_j 表示某注册地 j 的巨灾补偿基金价格指数，其含义是其成交价与当日公布的基金净值之间的比值。如果某注册地的基金价格指数为 110（省略了百分号，后同），则意味着该注册地的基金是溢价出售的，表明了买方可能预期该注册地在近期发生巨灾的可能性较大。反之，如果指数为 100 以下，比如为 80，则表明市场认为该注册地近期发生巨灾的可能性较小。

当然，某注册地的巨灾补偿基金价格指数，表示的只是市场的一种看法，而正如已经反复讨论过的，巨灾究竟何时以何种程度发生，在目前的科学技术水平下，是无法准确预测的。不过，如果某注册地的巨灾补偿基金价格指数突然发生重大变化，在一定程度上也是提示该注册地的人们警惕可能的风险。如果只是听信谣言而发生某些交易，则市场最终会教训这类投资，让他们付出必要的代价。合理的投机，事实上是培养理性市场的基础。

要说明的是，基金的价格指数，除了按注册地来做之外，还可以按风险种类、按注册地分级、按风险种类加注册地分级等，分别来做，以更好地提示不同要素对基金价格的影响。

4.3.5　基金的登记与结算

正如在对基金受益人的讨论中分析到的，巨灾补偿基金的投资人在巨灾之中，可能会面临许多的不确定性，为了充分保障投资人的利益，在基金的发行或转让过程中，都应对投资人进行身份核实和登记，同时记录其指定的受益人、甚至直系亲属关系，以备不时之需。由于是全国性的基金，建议直接进行全国统一登记和结算。其登记和结算机构，可直接由国家指定的第三方机构来负责即可，这些第三方机构，包括中国债券登记结算公司等。

基金的结算，要求能做到每日交易结束后公布基金净值，以便巨灾发生时，可直接依据巨灾发生前一日公布的净值进行补偿，同时，也是基金在二级市场进行交易时的重要参考。

5 巨灾补偿基金双账户资金变化分析

巨灾补偿基金能否正常运行，很重要的一点，是国家账户的资金能不能满足巨灾发生时的补偿需要。由于国家账户的资金有一部分来自社会账户的收益，因此，对两个账户资金变化情况的分析就十分必要。两个账户的资金分析，也是巨灾补偿基金定价的基础。

5.1 巨灾补偿基金双账户资金变化的一般分析

设一注册地巨灾风险在第 i 期发生的概率为 p_i，当期的 GDP 为 GDP_i，风险造成的损失与当期 GDP 的比值为 R_i，则在第 i 期发生巨灾时，该注册地的预期损失如式 5-1 所示：

$$E(L_i) = p_i * GDP_i * R_i \qquad 5\text{-}1$$

另外，设当前该注册地投资巨灾补偿基金的投资额为 V_i，即可得到注册地巨灾补偿基金投资额与当地当期 GDP 的比值 IR_i 如式 5-2 所示：

$$IR_i = V_i / GDP_i \qquad 5\text{-}2$$

再设基金投资的收益率为 Y_i，则注册地投资人在巨灾补偿基金中的投资额 $V_i * y_i$ 的预期收益为 $IV_i * y_i$：当期基金收益中分配给政府的部分为 y_{gi}，分给社会账户的部分为 y_{si}，即巨灾补偿基金投资收入在政府和社会账户之间的分配比例 α_i 如式 5-3 所示：

$$\alpha_i = y_{gi} / Y_i \qquad 5\text{-}3$$

可知，同期社会账户的分配比例为 $\beta_i = 1 - \alpha_i$。

设有某注册地 j，0 期的 GDP 为 GDP_0，且投资于巨灾补偿基金的投资占财富总量的比例为 IR_0，则第一期运行后，社会账户的投资从最初投入时间第 0 期初到第 0 期末的投资收益率为 y_0，总收益 Y_{s0} 如式 5-4 所示：

$$Y_{s0} = IR_0 * GDP_0 * y_0 \qquad 5\text{-}4$$

其中，如果分配给政府账户的初始比例为 α_0，则分配给政府账户的收益 Y_{g0} 如式 5-5 所示：

$$A'_{g1} = A_{g0} * (1+y_0) + \alpha_0 * IR_0 * y_0 * GDP_0 - \gamma_0 * GDP_0$$
$$= (A_{g0} + \alpha_0 * IR_0 * GDP_0) * y_0 + A_{g0} - \gamma_0 * GDP_0 \qquad 5-5$$

再设政府账户的初始资产总额为 A_{g0} 到第 1 期期初时（新增前），政府账户的资产总额 A'_{g1} 为初始总额及其收益加上从社会账户获得的收益如式 5-6 所示：

$$A'_{g1} = A_{g0} * (1+y_0) + \alpha_0 * IR_0 * y_0 * GDP_0 - \gamma_0 * GDP_0$$
$$= (A_{g0} + \alpha_0 * IR_0 * GDP_0) * y_0 + A_{g0} - \gamma_0 * GDP_0 \qquad 5-6$$

同时，该注册地社会账户在第 1 期期初的价值 A'_{g1} 如式 5-7 所示：

$$A'_{s1} = IR_0 * GDP_0 + IR_0 * GDP_0 * y_0 * (1-\alpha_0)$$
$$= (1+y_0 * \beta_0) * IR_0 * GDP_0 \qquad 5-7$$

考虑到各年的社会财富总量在不断变化，或近似地讲，各年的 GDP 会按不同的速度变化，包括正的增长或负的增长。由于巨灾补偿基金的半封闭式特征，社会账户的净值只会因巨灾发生后出现赎回才可能减少，并不会因为 GDP 的负增长而减少，因此，在这里只考虑 GDP 增长的情况。出于财富总量和 GDP 增速的变化，还需要考虑各年投资于巨灾补偿基金的投资额的增加问题。

同时，每年政府新拨款为 H_{gi}，其中，$H_{g0} = A_{g0}$。

只考虑期末值的话，第 1 期期末时，社会账户的总额如式 5-8 所示：

$$A_{s1} = [IR_0 * GDP_0 + IR_0 * GDP_0 * y_0 * \beta_0 + IR_1 * GDP_1] * (1+y_1 * \beta_1)$$
$$= \{[(1+y_0 * \beta_0) * IR_0 * GDP_0 + IR_1 * GDP_1] * (1+y_1 * \beta_1)\}$$
$$= (1+y_0 * \beta_0) * (1+y_1 * \beta_1) * IR_0 * GDP_0 + (1+y_1 * \beta_1) * IR_1 * GDP_1$$
$$5-8$$

则第 1 期期末时，政府账户总额如式 5-9 所示：

$$A_{g1} = [A_{g0} * (1+y_0) + \alpha_0 * y_0 * IR_0 * GDP_0] * (1+y_1) + H_{g1} * (1+y_1) + \alpha_1 * y_1 * IR_1 * GDP_1$$
$$= (1+y_0) * (1+y_1) * A_{g0} + (1+y_1) * H_{g1} + (1+y_1) * \alpha_0 * y_0 * IR_0 * GDP_0 + \alpha_1 * y_1 * IR_1 * GDP_1 - Y_1 * GDP_1 \qquad 5-9$$

第 2 期期末时，社会账户总额如式 5-10 所示：

$$A_{s2} = \{[(1+y_0 * \beta_0) * IR_0 * GDP_0 + IR_1 * GDP_1] * (1+y_1 * \beta_1) + IR_2 * GDP_2\} * (1+y_2 * \beta_2)$$
$$= (1+y_0 * \beta_0) * (1+y_1 * \beta_1) * (1+y_2 * \beta_2) * IR_0 * GDP_0 + (1+y_1 * \beta_1) * (1+y_2 * \beta_2) * IR_1 * GDP_1 + (1+y_2 * \beta_2) * IR_2 * GDP_2 \qquad 5-10$$

则第 2 期期末时，政府账户总额如式 5-11 所示：

$$A_{g2} = \{ [A_{g0} * (1+y_0) + \alpha_0 * y_0 * IR_0 * GDP_0] * (1+y_1) + H_{g1} * (1+y_1) \\ + \alpha_1 * y_1 * IR_1 * GDP_1 \} * (1+y_2) + H_{g2} * (1+y_2) + \alpha_2 * y_2 * IR_2 \\ * GDP_2$$

$$= (1+y_0) * (1+y_1) * (1+y_2) * A_{g0} + (1+y_1) * (1+y_2) * H_{g1} + (1+y_2) * H_{g2} + (1+y_1) * (1+y_2) * \alpha_0 * y_0 * IR_0 * GDP_0 + (1+y_2) * \alpha_1 * \\ y_1 * IR_1 * GDP_1 + \alpha_2 * y_2 * IR_2 * GDP - \gamma_2 * GDP_2 \qquad 5-11$$

依次递推，不考虑 0~T 期内存在的补偿支出的情况下，第 T 期期末时社会账户如式 5-12 所示：

$$A_{sT} = (1 + y_0 * \beta_0) * (1 + y_1 * \beta_1) * \cdots * (1 + y_T * \beta_T) * IR_0 * GDP_0 + (1 + \\ y_1 * \beta_1) * \cdots * (1 + y_T * \beta_T) * IR_1 * GDP_1 + \cdots + (1 \\ + y_T * \beta_T) * IR_T * GDP_T$$

$$= \sum_{i=0}^{T} \left[\prod_{i} (1 + y_i \beta_i) \right] * IR_i * GDP_i \qquad 5-12$$

第 T 期期末时政府账户的总值如式 5-13 所示，其中 $i \leq T$：

$$A_{gT} = \sum_{i=0}^{T} \left[\prod_{i+1}^{T} (1 + y_i) \right] * \alpha_i y_i * IR * GDP_i + \sum_{i=0}^{T} \left[\prod_{i}^{T} (i + y_i) \right] * H_{gi} - \\ Y_T * GDP_T \qquad 5-13$$

考虑多个注册地的话，即存在 J 个注册地时，第 T 期期末 J 个注册地总的社会账户的总值如式 5-14 所示：

$$A_{sT} = \sum_{j=1}^{J} \sum_{i=0}^{T} \left[\prod_{i}^{T} (1 + y_{ij} \beta_{ij}) \right] IR_{ji} * GDP_{ji} \qquad 5-14$$

第 T 期期末 J 个注册地总的政府账户的总值则如式 5-15 所示：

$$A_{gT} = \sum_{j=1}^{J} \sum_{i=0}^{T} \left[\prod_{i+1}^{T} (1 + y_{ij}) \right] \alpha_{ij} y_{ij} IR_{ji} * GDP_{ji} + \sum_{j=1}^{J} \sum_{i=0}^{T} \left[\prod_{i}^{T} (1 + y_{ji}) \right] H_{jgi} - \\ \gamma_T * GDP_T \qquad 5-15$$

若 T 期期初发生巨灾，则社会账户的总值如式 5-16 所示：

$$A'_{sT} = A_{s(T-1)} = \sum_{j=0}^{J} \sum_{i=0}^{T-1} \left[\prod_{i}^{T-1} (1 + y_{ij} \beta_{ji}) \right] IR_{ji} * GDP_{ji} \qquad 5-16$$

若 T 期发生巨灾也按 T-1 期计量。政府账户的总值如式 5-17 所示：

$$A'_{gT} = A_{g(T-1)}$$

$$= \sum_{j=1}^{J} \sum_{i=0}^{T-1} \left[\prod_{i+1}^{T-1} (1 + y_{ij}) \right] \alpha_{ji} y_{ji} IR_{ji} * GDP_{ji} + \sum_{j=0}^{J} \sum_{i=0}^{T-1} \left[\prod_{i}^{T-1} (1 + y_{ij}) \right] H_{jgi} - \\ \gamma_{T-1} * GDP_{T-1} \qquad 5-17$$

再设某注册地 j 第 T 期期初发生的补偿额为 C_{jT}，如果出现了国家账户余额不足第 T 年补偿之需，即国家账户出现了负值时，按融入的资金额即资金负值的金额乘以假定收益的 1.1 倍计利息成本，则第 T 期期初的政府账户 A'_{gjT} 可表示为式 5-18：

$$A''_{gjT} = A_{gj(T-1)} = \sum_{j=1}^{J} \sum_{i=0}^{T-1} \left[\prod_{i+1}^{T-1} (1 + y_{ij}) \right] \alpha_{ji} y_{ji} IR_{ji} * GDP_{ji} + \sum_{j=1}^{J} \sum_{i=0}^{T-1} \left[\prod_{i}^{T-1} (1 + y_{ij}) \right] H_{jgi} - \sum_{j=1}^{J} C_{jT} + \sum_{j=1}^{J} A_{ngjT} * (1 - 1.1 y_{ji}) - \gamma_{T-1} * GDP_{T-1} \qquad 5-18$$

其中，A_{ngiT} 表示当注册地 j 政府账户余额不足当期补偿时融入资金的金额，$(1-1.1y_{ji})$ 表示按假定收益的 1.1 倍扣除了利息成本。

5.2　巨灾补偿基金双账户资金变化的简化分析

为了简化分析，设巨灾补偿基金投资额占注册地财富总额的比例为 IR、各期的投资收益率为 y，GDP 增长率和政府新增拨款增长率均为 g，社会账户分配给政府账户的比例 α 均保持不变，则有式 5-19：

$$GDP_T = GDP_0 * (1+g)^T \qquad 5-19$$

这样，在 T 期期末时，设此前没有发生巨灾，且没有补偿支出时，由式 5-12 可得社会账户的资金总额可简化为式 5-20：

$$\sum_{i=0}^{T} \left[\prod_{i}^{T} (1 + y_i \beta_i) \right] IR_i * GDP_i$$

$$= (1 + y\beta)^{T+1} * IR * GDP_0 + (1 + y\beta)^T * IR * GDP_0 * (1 + g) + \cdots + (1 + y\beta) * IR * GDP_0 * (1 + g)^T$$

$$= IR * GDP_0 * \left[(1 + y\beta)^{T+1} (1 + g)^0 + (1 + y\beta)^T (1 + g)^1 + \cdots + (1 + y\beta)^1 (1 + g)^T \right]$$

$$= IR * GDP_0 * \left[(1 + y\beta)^{T+1} (1 + g)^0 + (1 + y\beta)^T (1 + g)^1 + \cdots + (1 + y\beta)^1 (1 + g)^T \right]$$

$$= IR * GDP_0 * \frac{\left[(1 + y\beta)^{T+1} * \left\{ (1 + y\beta)^{-1} (1 + g) \right\}^T \right]}{1 - (1 + y\beta)^1 (1 + g)}$$

$$= IR * GDP_0 * \frac{(1 + y\beta)^{T+1} * \left[1 - \left(\frac{1 + g}{1 + y\beta} \right)^T \right]}{1 - \frac{1 + g}{1 + y\beta}}$$

$$= IR * GDP_0 * (1 + y\beta)^{T+1} * \frac{1 - \left(\frac{1+g}{1+y\beta}\right)^T}{1 - \frac{1+g}{1+y\beta}}$$

政府账户则可简化为式 5-21:

$$A_{gT} = \sum_{j=1}^{J} \sum_{i=0}^{T} \left[\prod_{i+1}^{T} (1 + y_{ij}) \right] \alpha_{ji} y_{ji} IR_{ji} * GDP_{ji} + \sum_{j=1}^{J} \sum_{i=0}^{T} \left[\prod_{i}^{T-1} (1 + y_{ij}) \right] H_{jgi} +$$

$$\sum_{j=1}^{J} A_{ngjT} * (1 - 1.1 y_{ji}) - \gamma_T * GDP_T$$

$$= a * y * IR * GDP_0 * \frac{(1+y)^T * \left[1 - \left(\frac{1+g}{1+y}\right)^T \right]}{1 - \frac{1+g}{1+y}}$$

$$+ A_{g0} * \frac{(1+y)^{T+1} * \left[1 - \left(\frac{1+g}{1+y}\right)^T \right]}{1 - \frac{1+g}{1+y}}$$

$$+ \sum_{j=1}^{J} A_{ngjT} * (1 - 1.1 y_{ji}) - \gamma_T * GDP_T$$

$$= \left[a * y * IR * GDP_0 + A_{g0} * (1+y) \right] * (1+y)^T * \frac{1 - \left(\frac{1+g}{1+y}\right)^T \right]}{1 - \frac{1+g}{1+y}}$$

$$+ \sum_{j=1}^{J} A_{ngjT} * (1 - 1.1 y_{ji}) - \gamma_T * GDP_T \qquad\qquad 5\text{-}21$$

若某注册地 j 在 T 期发生巨灾和补偿,按 $T-1$ 期计量,社会账户可简化式 5-22:

$$A_{sT-1} = IR * GDP_{j0} * (1 + y\beta)^T * \frac{1 - \left(\frac{1+g}{1+y\beta}\right)^{T-1}}{1 - \frac{1+g}{1+y\beta}} \qquad\qquad 5\text{-}22$$

政府账户可简化为式 5-23:

$$A_{gT-1} = \left[\alpha * y * IR * GDP_{j0} + A_{jg0} * (1+y) \right] * (1+y)^{T-1} * \frac{1 - \left(\frac{1+g}{1+y}\right)^{T-1}}{1 - \frac{1+g}{1+y}}$$

$$+ \sum_{j=1}^{J} A_{ngjT-1} * (1 - 1.1y_{ji}) - \gamma_{T-1} * GDP_{T-1} \qquad 5\text{-}23$$

5.3 影响补偿额相关参数的估计

在分析了双账户资金变化后，要估计双账户资金的变化，还需要确定前述模型中的相关参数，参数的估计，是模型应用的前提和基础。本节根据我国的实际情况，对前述模型中的相关参数进行讨论。

5.3.1.1 GDP 及其增长率

国民产生总值 GDP 有多年的统计资料，可根据各注册地的 GDP 资料统计出其平均值和增长率，并参考对相关注册地 GDP 未来增长情况的预测，确定各注册地的 GDP 增长率。改革开放以来，我国长期保持7%以上的 GDP 增长，2014 年我国提出了国民经济增长的新常态，未来我国 GDP 的增长速度可能会逐步趋于一个较低的新常态，未必能继续保持过去较高的增长率。随着我国已经成为全球第二大经济体，根据本书发达国家经济增长情况，在后面长达 100 年的长期模拟研究中，我们将设定我国 GDP 的增长率为2%且保持不变，以简化模拟过程。

5.3.1.2 巨灾补偿基金投资比例

不同注册地投资于巨灾补偿基金的资金，占当年 GDP 的比例，我们认为将与相应注册地所面临的巨灾风险直接相关。正常情况下，所面临的巨灾风险越高，其投资于巨灾补偿基金的比例也越高。按前面对注册地的分级，比如巨灾风险从低到高分为 10 级，我们可以假定其投资于巨灾补偿基金的资金余额占当期 GDP 的比例可以从万分之一到千分之一，也就是从 0.01%～0.1%。

要说明的是，这一比例实际是一个累积比例，并不一定是从基金设立之初一次性投入，而是可以分期逐步累积的。当然，如果能一次性投入，以后的投入我们假定只是按 GDP 的增长比例同比增长即可。所以，即使对巨灾风险较高的注册地，其巨灾补偿基金的投资额占 GDP 的比例是巨灾风险较小地区的 10 倍，但分散到众多投资主体和长达 100 年的时间里，这个比例也仍然有其现实性和可行性，何况这一次性投资的千分之一额度，相对于其面临的巨灾风险，也仍然是可接受的。

在后面的模拟运行中，为了简化相关问题，我们假定了相应巨灾风险只被分成了 3 个级别，分别为 1 级、5 级和 9 级，相应的巨灾补偿基金投资比例也分别为万分之一、万分之五和万分之九。这一简化的假设，分别代表巨灾风险较低、中等和较高的三类注册地。巨灾各类注册的占比，则是根据多年的统计数据和国家相关专业研究部门的灾害区划来确定的。

5.3.1.3 巨灾补偿基金投资收益率

由于巨灾补偿基金采用了双账户和半封闭式设计，其社会账户的资金除了巨灾发生时、少数注册地在灾害发生地的部分投资人可能会赎回其基金份额外，其余部分是不可赎回、长期稳定的，完全可以用于长期投资或至少使用按比例逐期进行长期投资的。为了保持基金的稳健性，我们假定这部分资金的投资收益约等于目前我国商业银行的基准贷款利率6%。

虽然国家账户需要承担巨灾发生时的补偿义务，其资金必须保持一定的流动性，以应对随时可能出现的巨灾风险。但鉴于国家账户有国家财政作担保，而且即使在国家账户资金不足时也完全可以通过用所投资的资产做担保发行特别国债、向商业银行贷款等方式融资，在我们假定了这类融资的利率为前面假设收益的110%的情况下，我们仍然可以假定国家账户资金的收益率为6%。

5.3.1.4 社会账户利润缴存率

社会账户的投资收益，需要按一定比例缴存到国家账户，以换取在巨灾发生时，相应注册的投资人获得国家账户按约定倍数补偿的权利。而这一缴存比例究竟多高才合适？如果比例过高，则巨灾补偿基金的投资价值将过低，缺乏对社会投资人的吸引力；如果此比例过低，势必要影响国家账户的资金积累，影响巨灾发生后国家账户的补偿能力。因此，这一比例需要根据巨灾补偿基金的投资总额、巨灾风险发生及预测情况、国民经济增长情况等进行调整。

在后面的模拟研究中，我们将假定这一缴存比例为50%，也就是社会账户资金的收益，一半会缴存国家账户，为巨灾补偿积累资金，一半作为基金投资人的投资收益。

5.3.1.5 国家账户初始资金

前面已经讨论到，国家账户需要由政府注入一笔初始资金，作为巨灾补偿基金的启动资金。这笔资金究竟多少才比较合适？太高了，财政负担太高；太低了，不足以应对巨灾风险。根据新中国成立以来我国为应对自然灾害的生活救助资金的拨款情况（图5-1），及我国经济发展情况和巨灾发生与发展趋势，我们假定这笔初始资金为150亿元人民币，相比普通年份的拨款金额较高，但毕竟这是一劳永逸式的投资，而且，相比于2008年汶川大地震时的拨款并不算多。

一次性投入的初始资金，其基本的目标，是为了吸引社会资金的广泛投入

图 5-1　新中国成立以来，中央下拨自然灾害生活救助资金情况①

从而发挥出政府资金的杠杆作用。只要社会投入达到一定数量后，随着社会账户向国家账户缴存额的增加，国家的初始资金不但不会成为一次性瞬间用完的资金，相反，还完全可能不断发展和壮大，这在后面的模拟研究中将会得到证明。

此外，随着国家经济实力的增强，我们有理由假设，政府会按国家 GDP 的增长速度同比增加向巨灾补偿基金国家账户的投资。和前面讨论的一样，我们这里也假定这一增长比例为固定的 2%，以简化后面的模拟研究。

5.3.1.6　巨灾补偿基金商业补偿倍数

巨灾发生后，对受灾持有人的商业补偿倍数，取决于注册地巨灾发生概率、损失程度等多种因素。事实上，由于补偿基金的销售均按面值销售，其补偿倍数，才是真正的定价。详细的补偿倍数，将在下文具体讨论，这里只简要就后面模拟研究将要用到的参数做个初步的假定。

在模拟研究中，为了简化问题的分析，我们分别为风险发生概率由低到高的 1、5 和 10 级注册地设置了 10、5 和 2 倍于持有人巨灾发生时权益的初始补偿比例。

5.3.1.7　巨灾补偿基金公益补偿比例

我国巨灾补偿基金既承担巨灾发生对受灾注册地持有人的商业补偿，也承

---

① 新华网. 新中国成立以来中央下拨自然灾害生活救助资金过 4 亿元 ［EB/OL］. http:// news. xinhuanet. com/politics/2009-09/10/content_ 12027685. htm.

担对受灾注册地非基金持有人的公益补偿，特别是基本生活保障的补偿责任。商业补偿将按事先约定的补偿倍数进行，而公益补偿标准具体如何制定，则需要根据基本生活保障的要求和受灾地区物价水平等来决定。

为了模拟上的实用和便利，我们在后面的模拟研究中，将假设公益补偿比例为相应注册地当年 GDP 的 0.03% 进行测算。从图 5-1 可以看到，图中是国家在各年针对全部灾害的拨款，而我们这里只针对遭受巨灾影响的注册地，所以这一比例看上去似乎不高，实际已经远高于国家拨出的灾害生活补贴款了，这可以有效避免过去撒胡椒面式的财政拨款杯水车薪的弊端。当然，这一比例的拨款，实际上是全国的补偿基金投资人长期"贡献"的结果。

6 商业补偿金的确定与补偿流程

巨灾补偿基金运行机制的核心，是合理确定商业补偿金，并清晰界定补偿的基本流程。前者关系到特定巨灾发生后、不同注册地的投资人应当和能够获得的补偿金额；后者则关系到投资人以何种方式、在何种条件下按何种程序获得补偿的问题。

6.1　商业补偿倍数的计算与调整

正如前文反复提到的，巨灾补偿基金商业补偿，是以巨灾发生时投资人所持有人基金份额的净现值为基础的一定倍数来进行的，因此，确定商业补偿金的数额，重点就是要分别计算出商业补偿的倍数和巨灾发生时投资人持有的基金净值。后一个问题，在前面双账户资金变化分析里，对社会账户的讨论中已经讨论过了，这里重点讨论商业补偿倍数的确定问题。

6.1.1　单一注册地商业补偿倍数的计算与调整

前文我们已经假设了，巨灾发生时，巨灾补偿基金将对相应注册地的居民提供公益性补偿，其比例为当年当地 GDP 的千分之一。由于公益性补偿是在商业补偿前支出的，所以，商业补偿的可用资金，是在巨灾发生时，补偿基金政府账户余额扣除公益性补偿后的部分，才能用于商业补偿。在这一节中，将重点讨论商业性补偿倍数的计算与调整问题。

从单一注册地 j 来讲，设该国家为该注册地投入的初始资金总量为 V_{jg0}，该注册地投资人为巨灾风险 C_i 投入巨灾补偿基金的投资为当期 GDP 的一定比例，该比例为 IR，再设巨灾补偿基金的投资收益率为 y，在不考虑其他注册地对该注册地的影响的情况下，到发生巨灾时，这一注册地在国家账户所累积的资金总额，在扣除公益性补偿后，根据式 5-15，将为：

$$A_{jgT} = \sum_{i=0}^{T} \left[\prod_{i+1}^{T} (1 + y_i) \right] \alpha_{ij} y_i IR_{ji} * GDP_{ji} + \sum_{i=0}^{T} \left[\prod_{i}^{T} (1 + y_{ji}) \right] H_{kjgi} - \gamma_T * GDP_{jT} \qquad 6-1$$

再设注册地 k 发生巨灾 C_1 的概率为 p_{c1k}，发生巨灾 C_1 时的补偿倍数为 m_{kc1}，根据式 5-14，到巨灾发生 T 时，社会账户的价值为：

$$A_{st} = \sum_{i=0}^{T} \left[\prod_{i}^{T} (1 + y_{ij} \beta_{ij}) \right] IR_{ji} * GDP_{ji}$$

以巨灾发生时社会账户价值 A_{sT} 的 m_{kc1} 倍进行补偿时，则补偿额 CP_T 如式 6-2 所示：

$$CP_T = m_{kc1} * A_{sT} = m_{kc1} * \sum_{j=1}^{J} \sum_{i=0}^{T} \left[\prod_{i}^{T} (1 + y_{ij} \beta_{ij}) \right] IR_{ji} * GDP_{ji} \qquad 6-2$$

为了保持国家账户的持续运作，则这时的补偿额不得大于注册地 j 在国家账户的资金余额，即如式 6-3 所示：

$$CP_T \leqslant A_{jgT}$$

$$m_{jc1} * \sum_{i=0}^{T} \left[\prod_{i}^{T} (1 + y_{ij} \beta_{ij}) \right] IR_{ji} * GDP_{ji} \leqslant \sum_{i=0}^{T} \left[\prod_{i+1}^{T} (1 + y_{ij}) \right] \alpha_{ij} y_{ji} IR_{kji} * GDP_{kji} + \sum_{i=0}^{T} \left[\prod_{i}^{T} (1 + y_{ij}) \right] H_{kjgi} - \gamma_T * GDP_{kT} \qquad 6-3$$

这样，补偿倍数 m_{kc1} 应满足式 6-4：

$$m_{jc1} \leqslant \frac{\sum_{i=0}^{T} \left[\prod_{i+1}^{T} (1 + y_{ij}) \right] \alpha_{ij} y_{ji} IR_{kji} * GDP_{kji} + \sum_{i=0}^{T} \left[\prod_{i}^{T} (1 + y_{ij}) \right] H_{kjgi} - \gamma_T * GDP_{kT}}{\sum_{i=0}^{T} \left[\prod_{i}^{T} (1 + y_{ij} \beta_{ij}) \right] IR_{ji} * GDP_{ji}}$$

$$6-4$$

从单一注册地完全靠本地投资和本地政府出资额来积累补偿资金时，其补偿倍数将直接取决于政府所出的初始资金、基金的收益率和在巨灾发生前基金的积累时间，也就是 T 的大小，比如，积累 100 年后和刚设立基金就发生巨灾，将是非常不一样的。

这里的时间 T 的长短，对不同的巨灾，可能存在很大的差异。比如，地震的发生存在很大的不确定性，而且难以预测；而洪灾和台风，有较强的季节性和地域性。一般而言，某注册地发生巨灾的间隔时间，与该注册地巨灾发生概率呈一定的减函数关系，也就是巨灾发生概率越高，巨灾的间隔时间越短；巨灾发生概率越低，巨灾间隔时间越长。即：

$$T = f(p_{ck}) \qquad 6-5$$

则结合式 6-4 和式 6-5 可知，就单一注册地来讲，巨灾发生概率越高的地区，补偿倍数必然越低；反之亦然。

从调整来讲，很显然将因巨灾发生概率、投资比重、巨灾补偿基金的投资收益率、社会账户的收益缴存率、政府账户的初始资金额度等的变化而变化。由于没有不同注册地之间的风险缓冲和补偿共济，相关因素的变化会比较大，这会导致补偿倍数的不稳定，甚至让基金失去吸引力。

6.1.2 多注册地商业补偿倍数的计算与调整

与前面单一注册地相比，多个注册地商业补偿倍数的计算，相同之处是也需要先从政府账户中扣除公益补偿额后，才能用于商业补偿；不同之处是，资金来源不再仅限于单一注册地的政府初始资金及其增值和注册地投资人社会账户投资增值的缴存，还包括全国各地所有注册地投资人的增值缴存；当然这时的国家账户，要承担的补偿范围和责任，也同时涵盖了全国的各种巨灾风险。

和前面讨论的不同之处在于，不同分级的注册地，其发生巨灾的概率和预期损失是不一样的，因此，其补偿倍数也应有所不同。

根据前面对单一注册地的讨论，则多个注册地商业补偿倍数的计算，在不区分具体的注册地和巨灾风险种类的情况下，单次巨灾的补偿倍数 m 按式 6-6 计算：

$$m \leq \frac{\sum_{j=1}^{J}\sum_{i=0}^{T}\left[\prod_{i+1}^{T}(1+y_{ji})\right]\alpha_{ji}y_{ji}IR_{ji}*GDP_{ji} + \sum_{j=1}^{J}\sum_{i=0}^{T}\left[\prod_{i}^{T}(1+y_{ji})\right]H_{jgi} - \sum_{j=1}^{J}\gamma_T*GDP_T}{\sum_{j'=1}^{j'}\sum_{i=0}^{T}\left[\prod_{i}^{T}(1+y_{ji}\beta_{ij})\right]IR_{ji}*GDP_{ji}}$$

$$6-6$$

式中，j 和 J 分别指所有的注册地，即不区分是否发生巨灾的所有注册地；而 j' 和 J' 表示的是发生巨灾的补偿地，未发生巨灾的补偿地被排除在外。

对比前面单一注册地的补偿倍数计算，可以看到，最关键的，就是分子和分母，均增加了不同注册地的加和部分。式 6-6 计算的，可称为在时间 T 某次巨灾发生时，国家账户的资金积累、相对于特定巨灾发生地的社会账户净值的倍数，也就是此时，国家账户积累的资金余额，最高能承受的补偿倍数。

m 值的计算，可确定一定的时间窗口，比如 10 年、20 年或 50 年内，全国发生巨灾时，国家账户可支持的最高补偿倍数的移动平均值。这个时间窗口的长短，需要根据巨灾补偿基金掌握的巨灾数据和基金运行数据合理规定。从目前来讲，由于这些数据都不充分，可先按 10 年左右的巨灾数据为基础，以移动平均的方法滚动推进，在必要的时候，再进行调整。这一时间窗口如果太长，其稳定性可能相对更好，但对巨灾动态反应的及时性可能不足；如果时间窗口过短，则可能反应动态较好，稳定性又不足。

上述计算的是全国平均一次巨灾的补偿倍数，而具体到某个注册地的补偿倍数，则需要对照该注册地巨灾风险的发生次数与全国的平均次数，如果其发生次数更多，则补偿倍数应越低，这是因为基金的发行是按同样面值发行，而补偿时是由持有人的基金净值为基础的一定倍数补偿的机制决定的。这时，需要引入另一个参数，就是注册地系数，其计算方法为：

设某巨灾类型共有 J 个注册地，共发生巨灾 N_J 次，其中，注册地 j_1，j_2，$\cdots$，j_J 发生的巨灾的次数分别为 $n_{j_1} + n_{j_2} + \cdots + n_{j_J}$，且 $N_J = n_{j_1} + n_{j_2} + \cdots + n_{j_J}$，且相应注册地巨灾的损失总额为 L，相应的巨灾损失分别为 L_{j1}，L_{j2}，$\cdots$，L_{jJ}，且所有注册地的总损失为 L_J，则注册地 J_1 的注册地调整系数 l_{j_1} 为式 6-7：

$$l_{j_1} = \frac{L_{j_1} * N_J}{L_J * n_{j_1}} \qquad\qquad 6\text{-}7$$

同理，设有 C 种巨灾风险注册地，共发生巨灾 N 次，其中，巨灾风险为 c_1，c_2，$\cdots$，c_C 发生的巨灾的次数分别为 $n_{c_1} + n_{c_2} + \cdots + n_{c_C}$，则 $N_C = n_{c_1} + n_{c_2} + \cdots + n_{c_C}$，且相应注册地巨灾的损失总额为 L，相应的巨灾损失分别为 L_{j1}，L_{j2}，$\cdots$，L_{jJ}，且所有注册地的总损失为 L_J，也可从巨灾风险种类的角度，计算出巨灾风险类型的调整系数 l_{c_1} 为式 6-8：

$$l_{c_1} = \frac{L_{c_1} * N_C}{L_C * n_{c_1}} \qquad\qquad 6\text{-}8$$

可以看到，无论是从风险种类还是从注册地方向进行调整，其调整系数都是与损失成正比，而与发生次数成反比。这实际上是在单次巨灾损失额和发生频率之间的一种平衡。单次巨灾的损失额，与巨灾的严重程度、巨灾类型、注册地的抗灾能力等直接相关；而巨灾的发生次数，与特定的地质、地貌、区位等相关。这种平衡的实质，是由巨灾补偿基金按面值统一发行、按对国家账户的贡献度和兼顾公平等目标所决定的。

在上述两种调整系数的共同作用下，某注册地 j 发生某种巨灾 c_i 后，其基础的补偿倍数 $m_{Bc_ij_j}$ 按式 6-9 计算：

$$m_{Bc_ij_j} = l_{c_i} * l_{j_j} * m$$

$$= \frac{L_{j_1} * N_J}{L_J * n_{j_1}} * \frac{L_{j_1} * N_J}{L_J * n_{j_1}}$$

$$*$$

$$\frac{\sum_{j=1}^{J} \sum_{i=0}^{T} \left[\prod_{i+1}^{T} (1 + y_{ji}) \right] \alpha_{ji} y_{ji} IR_{ji} * GDP_{ji} + \sum_{j=1}^{J} \sum_{i=0}^{T} \left[\prod_{i}^{T} (1 + y_{ji}) \right] H_{jgi} - \sum_{j=1}^{J} \gamma_T * GDP_T}{\sum_{j'=1}^{J'} \sum_{i=0}^{T} \left[\prod_{i}^{T} (1 + y_{ji} \beta_{ij}) \right] IR_{ji} * GDP_{ji}}$$

$$6\text{-}9$$

6.2 补偿额计算标准与方法

根据式 6-9 的基础补偿倍数，某注册地 j 发生某种巨灾 c_i 后就可计算出某个注册地的基础补偿额 CP_{Bcj_i}，如式 6-10 所示：

$$CP_{Bcj_i} = m_{Bcj_i} * A_{j,sT} = l_{c_i} * l_{j_i} * m * \sum_{i=0}^{T} \left[\prod_{i}^{T} (1 + y_{ij}\beta_{ij}) \right] IR_{j,i} * GDP_{j,i} =$$

$$\frac{L_{j_i} * N_J}{L_J * n_{j_i}} * \frac{L_{j_i} * N_J}{L_J * n_{j_i}} * m * \sum_{i=0}^{T} \left[\prod_{i}^{T} (1 + y_{ij}\beta_{ij}) \right] IR_{j,i} * GDP_{j,i} \qquad 6-10$$

其中的 m 为式 6-6 计算的一定时间段内中国巨灾补偿基金可支持的补偿倍数的平均值。

按式 6-10 计算出来的，只是注册地 j 在巨灾 c_1 发生后的基础补偿额，也是最高补偿额。具体某个投资人的实际补偿额，还需要根据其最短持有期、其持有基金的净现值等进行调整。

设某基金投资人 P，其投资于补偿基金的投资额，在巨灾发生时的净值为 PV_T，所持有的基金的天数为 d_p，如果最短期为 D，且在最短持有期以内时其补偿倍数需要按实际持有期占最短持有期的比例进行调整的话，则其可用于计算补偿额的实际净值 PV_{Et} 如式 6-11 所示：

$$PV_{gT} = PV_{pT} * \min\left(\frac{d_p}{p}, 1\right) \qquad 6-11$$

则在注册地 j 在巨灾 c_1 发生后，投资人 P 可获得的补偿额 CP_p 如式 6-12 所示：

$$CP_p = PV_{pT} * min\left(\frac{d_p}{D}, 1\right) * m_{Bcj_i} \qquad 6-12$$

可以看到，个人的补偿额，实际就是巨灾发生时，个人投资额的净现值，乘以最短持有期调整系数再乘以持有人基金的注册地、在相应风险类型下的基础补偿倍数决定的。这表明，巨灾中，投资人想获得更高的商业补偿，将取决于投资于基金的初始资金、投资的时间长短、收益高低和相应注册地发生特定巨灾风险的概率与损失情况。

从理论上讲，巨灾补偿基金的补偿额计算，已经将应当纳入考察的主要因素涵盖在内了，至于考虑得是否精确和完全合理，还需要进一步的实践检验才能做更好的修正和完善。

6.3 巨灾补偿基金的定价

和其他金融工具一样，巨灾补偿基金的理论价格也是其预期收到的现金流的现值。巨灾补偿基金投资现金流包括三个方面：一是在第 j 年发生巨灾后，投资人可以获得的补偿额 CP_p；二是在第 j 年发生巨灾后，投资人可以按基金当时的净值赎回基金的金额 V_{pT}；三是巨灾发生时，投资人可以获得的公益补偿金 CP_g。理论上讲，将这三类现金流分别按一定的利率贴现，其贴现值之和就应该是巨灾补偿基金的价格 P_{cpf}，即

$$P_{cpf} = PV（CP_p）+PV（V_{pT}）+PV（CP_g）$$
$$= PV（CP_p + V_{pT} + CP_g）\quad 6-13$$

其中，CP_p 可由式 6-12 求出。

根据式 5-14，可以求出个人投资在社会账户上的资金，在巨灾发生的 T 时刻，其价值 V_{pT} 表示为式 6-14：

$$V_{pT} = \sum_{i=0}^{T}\left[\prod_{i}^{T}(1+y_{ij}\beta_{ij})\right] * IR_{pji} * GDP_{ji} \qquad 6-14$$

在式 6-14 中，IR_{pji} 表示个人投资额占其注册地 GDP 的比例。同时，设注册地 j 的人口数为 S，则巨灾发生时，单个投资者可以获得的公益补偿额 CP_g 可计算为式：

$$CP_g = Y_T * GDP_T/S \qquad 6-15$$

这样，巨灾补偿基金的价格 P_{cpf} 可表示为式 6-16：

$$P_{cpf} = PV\left[PV_{pT} * min\left(\frac{d_p}{D}, 1\right)\right] * m_{Bcj_i} + \sum_{i=0}^{T}\left[\prod_{i}^{T}（1+y_{ij}\beta_{ij}）\right] * IR_{pji} *$$

$$GDP_{ji} + \gamma_T * GDP_T/S \qquad 6-16$$

在式 6-16 中，求现值的函数 PV，其主要变量为利率和时间。这里使用的利率，可参考无投资者的要求收益率，而贴现的时间，是最为不确定的因素，可能因不同主体的风险承受能力、风险偏好、风险容忍度等的不同而不同。

对巨灾补偿基金价格影响很大的另一因素，是巨灾发生的时间 T，这不仅影响投资的增值，也影响国家账户的资金积累，同时也影响对未来收益的贴现。而巨灾发生的具体时间，受制于目前人们对巨灾风险的认识不足，很多是无法确知的，尤其是地震等巨灾风险；即使对一些有较强季节性的台风、洪涝等灾害，其具体的发生时间和区域，也是很难预知的。但对巨灾发生概率差异显著的地区，同样的时间阶段内，发生巨灾的次数也会有显著差别，前后两次

巨灾之间的时间也会显著不同。正是这种不同，将成为直接影响不同注册地巨灾补偿基金价值的主要因素。

6.4 补偿资金来源

基金注册地一旦发生基金约定的巨灾，其持有人将有权获得约定的补偿。补偿资金的来源，一方面是常规的，即基金正常运作时，从政府账户的投资收益、社会账户提交的投资收益、政府定期的救灾资金、巨灾债券融资、巨灾彩票和社会捐赠中可用于巨灾补偿的部分等共同构成。另一方面，则是当常规资金来源无法满足特定时期补偿需求时所专门开辟的特别渠道，这包括：巨灾特别国债、商业银行巨灾特别贷款等。

6.4.1 补偿资金的常规来源

巨灾补偿基金的常规补偿基金来源，指基金正常运作情况下，从常设的、长期稳定的渠道而筹措的可用于巨灾补偿的基金来源。这主要包括：政府定期的救灾专用资金、政府资金的投资收益、社会账户提交给政府账户的收益分配部分、巨灾债券融资、巨灾彩票和社会捐赠等。

6.4.1.1 政府定期的救灾专用资金

政府专项拨款，顾名思义，是指政府在拨付资金的同时对这一部分资金的用途进行了明确的规定，接受专项资金的一方必须按照政府的明文规定使用。政府之所以进行专项资金的拨付，主要是为了更好地配合中央政府宏观政策的实施或是对某些重大的事件进行补偿。因此，在巨灾发生之后，政府及时拨付的专项资金就成为补偿资金重要的组成部分。

从历年我国发生的巨灾风险来看，巨灾风险发生的最大的特征就是发生的频率较低但是一旦发生，造成的危害就是巨大的。再加之，我国对巨灾风险方面的研究起步较晚，没有总结出巨灾风险发生的规律。因此，无法合理地对巨灾进行预期成为了巨灾风险不受商业保险公司青睐的一大原因。巨灾风险不能吸引商业保险的承保，政府的补助此时就发挥了不可或缺的作用。

不仅如此，在我国，巨灾风险一旦发生就会造成严重的人力、物力以及财力的损失，经济的损失往往也表现出空间上、时间上的高度集中。积聚在一起的经济损失有时候会超过商业保险公司的承保能力，甚至会危害到整个保险市场的正常运作以及超过其承保能力。因此，当商业保险公司不能发挥其作用的时候，政府就应当发挥其应当承担的责任以及作用，政府定期发放的专项资金成为巨灾风险补偿的重要组成部分。

通过上述分析可知，巨灾风险的补偿资金通过简单的市场运作以及商业保险的承保是远远不够的，政府拨付的专项资金是巨灾补偿资金的重要组成部分，同时也是巨灾补偿基金成立的基础。

6.4.1.2　政府资金的投资收益

由上一小节的分析可以看到，政府专项拨款作为政府资金投入到基金中，这无疑也是巨灾补偿基金中不可或缺的重要组成部分。长期以来，我国都采取的是一种以中央政府为主导、地方政府配合，以国家财政救济和财政拨款为主的补偿机制。所以政府资金往往是灾害损失补偿的基本来源，这样的调动比较迅速且集中。但是，由于政府的财政资金总是有限的，这也就导致了巨灾后财政补偿的局限性。巨灾补偿基金将这一部分先在事前放入基金中运作，而这一部分自然会随之产生投资收益，政府资金的投资收益自然也是补偿资金的一部分来源。不仅如此，由专业机构进行投资，可以更好地让这些资金保值增值。在巨灾发生较少的年份，充分利用连续投资的复利效应，可以更快地壮大基金的实力，更好地发挥巨灾救助年度拨款应对巨灾风险的效力。

6.4.1.3　社会账户提交给政府账户的收益分配部分

在基金社会账户的收入中，每年会按一定的比例提交给政府账户。在巨灾发生时，持有基金的灾民在获得基金权益部分的补偿后，再用这部分社会账户的资金进行补偿。因此，可以说社会账户提交给政府账户的收益分配部分也是基金的一种资金来源。

政府账户上的超额补偿金必须在巨灾发生时才能进行划拨，同时还要以基金持有人的损失超过其持有基金权益作为补偿的条件，并且是以未发生巨灾年份全部持有人以及受灾年份未受灾持有人收益按约定比例上缴为前提。因此，从严格的定义上看，这部分资金其实还是社会账户的收益，只是进行了一定的二次分配，是一种统筹统支的方式。进一步说就是大部分未受灾的基金持有人对少数受灾持有人进行的一种互帮互助，这也是平时累计投资收益在灾后支付的方式，并不是从基金外部获取资金。

6.4.1.4　巨灾债券融资

巨灾债券也是债券的一种，因此也具有债券基本的性质。投资者将资金投资于巨灾债券与投资于普通债券时都一样会获得利息，同时在到期时收回本金。不同的是，巨灾债券的投资者并不一定会到期获得本金及利息。巨灾债券本金及利息的偿付主要取决于灾害是否发生，如果巨灾债券所规定的灾害没有发生，那么投资者将会获得相应的利息及本金。但如果发生了巨灾债券所规定的灾害，那么本金及利息就不会偿付给投资者。通过对巨灾债券特征的描述可以清楚地看到，巨灾债券具有很大的风险。与此同时，高风险对应着高收益，巨灾债券票息率都远高于普通债券。

对于巨灾债券的发行方来说，发行巨灾债券可以将巨灾风险分散给投资者，如果巨灾真的发生，债券中筹集到的全部或者部分款项就要被用来进行补偿。对于投资者而言，巨灾债券的风险和金融财务风险基本不相关，这样也可以分散其他金融资产的系统性风险。因此，这也是多元化投资组合的重要选择之一。因为巨灾事件的频发，当前国际金融市场已经能够很好地利用巨灾债券来转移、分散巨灾风险。

但可以看到，巨灾补偿基金由于巨灾发生的时间和损失都有很大的不确定性，无法预测，这无疑对确定巨灾债券的发行数量、票面利率、债券期限等造成了很大的阻碍。需要进行大量的工作来权衡各方面的影响，最终进行定价。

6.4.1.5　巨灾彩票和社会捐赠

常态性的巨灾彩票是指以巨灾保险产品为基础，商业保险公司为筹集特定险种的巨灾保险基金而特许发行、依法销售，自然人自愿购买，并按照特定规则获得中奖机会的凭证。一般彩票的资金分配包括公益金、返奖奖金和发行经费，因为巨灾彩票的发行费用较低，就保证了25%以上的公益金募集率。保险公司如果以发行巨灾彩票所筹公益金作为巨灾保险基金，则由保险公司自己来管理这部分公益金。巨灾保险基金补偿不足时由巨灾彩票的公益金来补偿。灾后定时定向发行的巨灾彩票也有类似的管理方法。在整个过程中，巨灾彩票的发行销售过程中的一些专业化资金运作都由商业银行等金融机构来提供。这部分资金同样可以投入到巨灾补偿基金中，接受更专业的管理，产生更大的效应。

在发生巨灾的时候不仅仅会有之前讨论的政府资金的救助，一些非政府机构同样会进行一些捐助，这就是这里所谈的社会捐赠。这些非政府机构，例如红十字会、其他公益机构或非政府组织等，其中有些机构可能具有一定的资金营运能力，有些则未必能对所接受的资金进行专业化管理。那些没有资金运营能力的机构通常会选择委托银行等金融机构代收资金，进行保管。但是这种代收代管，并不会产生任何的经济利益。交由巨灾补偿基金则可以很好利用这些资金，创造出更多的价值来补偿受灾群众。同时这些机构大部分都会简单地选择某一家银行，并不会通过投资收益等方面的筛选来选择第三方托管机构。如果能将这些善款以市场化、公开化的机制，交由优秀的专门机构进行管理，势必能更好地发挥这些善款的社会和经济效益。

在巨灾补偿基金内部，可设立相应的机构，专门管理所接受的捐助款以及彩票公益金部分，尤其是那些指定了用途的捐助款、需要长期经营和管理的捐助款以及适合设立专门基金进行管理的捐助款。同时，还可以对这些款项设立专门的机构来考核其投资收益、风险等，定期公开运营报告，将所有的信息做到透明公开，让投资者以及捐助者的资金得到更好的增值。尤其是在管理制定用途的资金时，必须严格按照制定事项来进行，对捐助者提交专门的报告，让其对资金运作流程放心，能够继续选择巨灾补偿基金来管理。

6.4.2 补偿资金的特别来源

6.4.2.1 巨灾特别国债

如果遇到多种巨灾在某个特定的时间段里集中爆发或某种巨灾在相对较大的空间范围爆发或某些巨灾在国家重要的经济区域，例如大城市中心区等爆发时，巨灾补偿基金日常积累的收益或常规资金来源不足以补偿这些注册地的基金持有人时，为了确保基金的正常和长效运作，完全可以由政府直接面向全社会发行巨灾特别国债以解决基金临时的资金不足问题。

巨灾特别国债属于专项国债，专款专用，只能用于巨灾补偿，而不能转作其他用途。可由巨灾补偿基金向财政部提出申请，由财政部统一发行筹资后，转交巨灾补偿基金专项使用，并单独核算。

专项国债的发行总额，可根据当期应补偿额——基金可用的补偿资金后的缺口部分为上限。如果巨灾补偿基金同时还向商业银行申请了巨灾特别贷款，则其上限可再从前述缺口中减去巨灾特别贷款进行调整。

特别国债的偿还，可由财政代发代还。巨灾补偿基金以自身的投资收益和社会账户分配的投资收益作为还款资金来源，直至还清为止。

如巨灾补偿基金的投资收益或其他收入无法偿还特别国债的欠款时，可再通过增发基金份额、财政补贴、降低基金的补偿比例、发行巨灾债券融资等方式来解决。

6.4.2.2 巨灾特别贷款

巨灾特别贷款，则是由巨灾补偿基金直接向商业银行申请的、用于补偿基金持有人的贷款，也属于专门贷款，只能用于巨灾补偿、不能转作他用。不同于由国家财政代发代偿，巨灾特别贷款，是由巨灾补偿基金向商业银行提出贷款申请后，由商业银行根据商业原则自主决定是否向基金发放的商业性质的贷款。

贷款的利率、期限、客户等，均由巨灾补偿基金和贷款的商业银行按商业原则进行协商。为了提升贷款的信用条件，可考虑由国家财政进行本金98%左右比例的担保。这一比例的设计，在确保商业银行支持巨灾补偿事业能收回98%的本金的基础上，要求商业银行也必须认真审查基金的征信和运营能力。有国家政策的担保，也能有效降低这类贷款的成本，减轻巨灾补偿基金的负担。

此外，在清偿顺序上，可设定商业银行的特别贷款优于国家的特别国债的清偿。这种设计一方面体现了国家财政作为补偿基金的最终借款人或担保人的职责；另一方面，也是为了更好地保护商业银行支持巨灾补偿事业的积极性。

为了更好地鼓励各商业银行对巨灾补偿事业的支持，建议对巨灾专项贷款在贷款的拨备要求、营业税和所得税的税收政策等方面设立专门政策，例如：因为有国家财政担保，因此这部分贷款可免提损失准备金、可免除营业税、可优惠甚至免除这类业务的所得税等，以充分发挥出财政资金的杠杆作用，更好地支持巨灾补偿事业的发展。

6.5　补偿资金不足及其处理

由于巨灾的发生在时间和空间上都存在许多不可预知的偶然性，虽然出现的几率很低，但在实际运作中，也不是完全不可能多种巨灾同时、在较大的范围内发生，而导致巨灾补偿基金可用的补偿资金不足的情况。这种情况将直接影响到基金能否正常运转，事关基金的信誉和可持续性，这里分别予以讨论。

6.5.1　补偿资金临时不足的处理

补偿资金的临时不足，指在短期内基金可用于补偿使用的资金少于当期应补偿的资金的情况，随着基金正常运作中的不断累积，基金完全可以靠自身的力量逐步弥补所存在的资金缺口的情况。

补偿资金临时不足的原因，主要是巨灾风险的发生在时空上的不均匀、补偿金使用在时空上和补偿资金来源不相匹配而造成的。如果从更长远的时间或更广阔的空间看，基金的积累本身是足以覆盖补偿基金需求的，也就是说，这种临时性不足，只是资金来源与使用在时空上的错位问题，而不是基金本身的补偿能力问题。

6.5.1.1　巨灾联系证券

由于巨灾本身的不可预测性，上述时空错位问题难以完全避免。而目前市场上应对这类风险比较成功的做法之一，就是发行巨灾联系证券，包括巨灾债券、巨灾期货、巨灾期权、巨灾保险基金等。其中市场认可程度最高、目前推广最好的，是巨灾债券。只要把债券到期时间计划好，同时，把发行额度、发行时间和到期时间、风险连动的机制、巨灾发生后截留本息的比例等设计好，完全可以作为巨灾补偿基金长期、稳定可使用的重要的巨灾补偿资金来源之一。

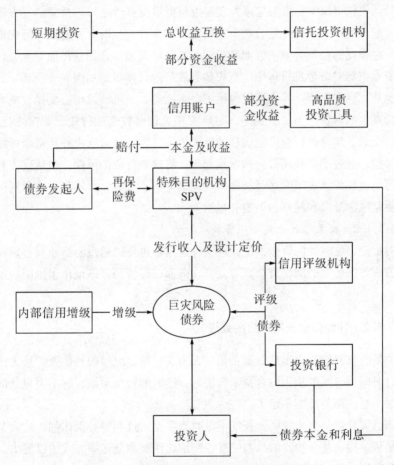

图 6-1　巨灾风险债券发行与运作示意图①

巨灾债券同普通债券一样，投资者将资金贷放给债券发行人，从而取得息票形式的利息和最终返还本金的请求权。与普通债券不同的是，巨灾债券本金

---

① 何敏峰. 保险风险证券化问题探讨［J］. 证券与保险，2007（3）.

的返还与否取决于债券期限内特定事件是否发生。若发生债券预先规定的触发事件，那么债券发行人向投资者偿付本金和利息的义务将部分乃至全部被免除；若在债券到期日前没有发生触发事件，则债券发行人到期向投资者还本付息。由于巨灾不可预测，巨灾债券的投资者会承担较高的风险，基于风险越高，收益越高的经济学基本原理，巨灾债券通常息票利率都远远高于其他债券。巨灾债券与其他类型债券最主要的区别就是，巨灾债券的发行要通过一个特殊目的机构（SPV）来架起债券发起人与资本投资者之间的桥梁。一方面与债券发起人签订一个再保险合约，在约定巨灾事件发生时对发起人的巨灾损失进行一定程度的补偿，另一方面和投资者签订巨灾债券合约获得债券本金，并通过资本市场对资金进行运用。巨灾债券发行的具体机制如图 6-1 所示。

此外，巨灾期货、巨灾期权等巨灾联系证券，也可经过精心安排，成为巨灾补偿基金的融资渠道。特别是，与巨灾相关程度较高的行业，如保险行业、能源、交通、建筑等行业可能面临的巨灾损失，以及通过巨灾补偿基金可能获得的补偿，通过期货和期权合约联系起来，将这些行业的风险，包括巨灾补偿基金可能面临的巨灾风险通过金融市场加以分散和转移，这不仅是个融资的问题，更是风险分散和转移的渠道和机制。

6.5.1.2 商业银行巨灾专项贷款

对短期、临时性的资金不足，巨灾补偿基金也可以通过向商业银行短期借款的方式筹措需要的周转资金，对此，在前面已经较为详细地作了说明，不再赘述。

6.5.2 补偿资金长期不足的处理

如果巨灾补偿基金出现资金不足，无力支付约定应付的补偿金，且无法简单通过时间或空间的积累由自身来解决时，这时的资金短缺，就不再只是简单的临时不足，而是长期不足了。

当巨灾补偿基金出现资金长期不足时，需要通过调整补偿比例、扩大基金份额销售、提高基金投资的收益、进一步细化注册地分区等方式予以解决。

6.5.2.1 调整补偿比例

这是最直接、最易想到、也相对更容易的解决办法。但为了维护"三公"的基本原则，补偿比例的调整必须十分谨慎，其调整的程序、比例、区域、幅度等，都必须有十分严格的程序。建议这一比例的调整，应由基金内部的补偿比例委员会这个专门的委员会，根据相关风险研究的进展、新的数据收集和分析情况、基金整体运行的盈亏情况、巨灾风险整体发展趋势、国民经济特别是区域经济发展变化等综合提出议案，由基金持有人大会决议通过方可执行。关于这个专门委员会的组成、分工及职能等，请参考基金内部管理相关章节。具体来讲，可由专门委员会不同专业的委员分别提出相应的议案，再由委员会形成统一的补偿比例调整整体方案。这样操作，可以减少补偿金的补偿总数，进而缓解和解决补偿金长期不足的问题。

6.5.2.2 调整社会账户的利润分配比例

和前面调整补偿比例一样，也可通过适当调整社会账户和国家账户间的利润分配比例，来平衡政府账户的余缺。由于这一比例直接影响到基金持有人的实际收益，因此，也需要遵循严格的程序和标准来执行，基金及政府都不能随意调整，建议由基金持有人大会表决才能通过。

扩大基金销售份额。由于巨灾补偿基金运作的核心机制是市场机制，其基金份额的销售是市场行为，其销售量，取决于市场对基金的认可程度和市场主体对巨灾风险的认知情况。基金可通过公益和商业广告、巨灾风险及防范措施的教育、巨灾风险相关知识的普及，加强国际合作扩大市场范围，以巨灾补偿基金为基础金融工具开展多方面的金融创新、以更好地满足不同风险偏好的投资人等措施，来扩大基金份额的销售。

提高基金投资的收益。在一定宏观经济背景下，一定时期内基金的投资收益是相对稳定或固定的，可能较难有显著的提升。但在必要的时候，基金的投资管理委员会可以适当调整基金在不同领域或工具上的投资比例、期限结构、流动性要求等，为基金委托的投资机构提供更多的选择，为投资机构寻求更高的投资收益创造条件。例如，正常情况下，考虑到基金对资金流动性的较高要求，基金投资于固定资产投资的比例可能会很低，但如果是在灾后重建等与巨灾重建相关的固定资产投资中，以补偿金为基础，将补偿和投资相结合，一方面可以提高基金的投资收益；另一方面，可以扩大除补偿金以外的重建资金来源，加快灾后重建的步伐。具体操作中，可根据相应注册地的基金份额总量，按一定比例给予商业化的资金支持，这也能促进基金本身的销售。

6.5.2.3 进一步细化注册地分区

由于对巨灾风险认识和研究不足，以及受巨灾风险本身特殊性的影响，不同巨灾风险补偿地的分区在精细程度上不尽一致。当注册地分区不准确时，可能会出现损失的实际区域和补偿区域间较大的误差，以致部分受损的地区未能得到补偿，而部分未受损的反而得到了补偿的情况。如果这种情况严重到一定程度，不仅会影响巨灾补偿基金的声誉，也会降低基金的效率，同时导致补偿金使用的社会和经济效益低下。尽可能提高注册地分区的准确性和补偿金使用效率，节约无谓的浪费和损失，将是一项长期、细致的工作。

6.6　补偿金超额余额的处理

由于巨灾发生的不可预见性和巨灾发生的非均匀性，和相对均匀的补偿金积累过程相比，国家账户积累的补偿金，既有可能出现不足，也可能出现大量超额余额的情况。这里所指的超额余额，是相对于一段时间内的巨灾补偿需求而言的，并不是绝对用不出去的资金。这种相对的超额余额，容易给基金管理者，甚至基金投资人一种错觉，就是国家账户累积的资金量太大却不用于给投资人或公众补偿，感觉资金被浪费或者虚置等。

正如前面反复提到的，这种超额余额是资金积累和使用在时间上的错配形成的，这些看上去庞大的资金积累，只是为将来可能出现的巨灾补偿所做的储备。但正因为是储备，就必然有个合理的储备量和储备形式问题，也就涉及储备总量和储备形式的管理问题。

为了提高储备金的使用效率，基金的资产管理部门，可设定一系列的管理标准，例如，当总量达到一定金额或相对于基金份额总额达到某个比例时，可适当增加或减少中长期投资的比重，在确保基金流动性的前提下，适当提高基金的收益。

另一方面，如果基金累积的资金达到某个更高的比例时，可适当调低社会账户向政府账户的利润分成比例，或调高对基金投资人的补偿比例，或同时适当调整。和前面谈到的调整补偿比例要求一样，这也需要遵循严格的流程和标准。

6.7　商业补偿金的支付流程

一旦发生巨灾，巨灾补偿基金就将按要求对受灾注册地开展约定的补偿救助工作。其基本的工作流程，如图6-2所示，以下分别简要讨论各项程序的主要内容。

6.7.1　巨灾发生及灾区确认

灾害发生后，国家相关部门及巨灾补偿基金的相关专门委员会将立即行

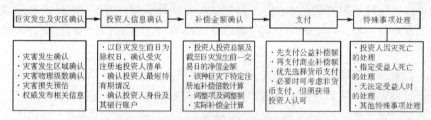

图 6-2 巨灾补偿基金补偿业务流程

动，就灾害的物理级别、受影响的区域、可能的损失大小等进行迅速判断和分析，并尽快就所发生的灾害是否属于巨灾补偿基金所约定的巨灾、哪些注册地的全部或部分区域属于本次巨灾直接影响区域等，公开宣布，以明确巨灾补偿基金应采取补偿措施的注册地。

6.7.2 投资人信息确认

除了确认灾害的级别是否属于基金补偿的巨灾级别、巨灾影响的注册地之外，很重要一点，就是要核实巨灾发生前一日登记在册的、注册地在本次巨灾受害地区的投资人的名单和身份。基金应尽快就注册地在受灾区的投资人的姓名、身份信息、投资金额、投资时间、累计净值等，列出详细的清单，并及时公布。此外，相关投资人的银行账户信息等也要确认，以备支付补偿款用。

6.7.3 补偿金额确认

如第 5 部分研究指出的，巨灾发生后，巨灾补偿基金的相应专业委员会根据事先约定的考察时间段内不同注册地、不同巨灾风险种类发生巨灾的情况，计算出相应巨灾和补偿地的调整系数，从而确定本次巨灾不同注册地（假设有不同的注册地同时受灾）的基础补偿系数，再结合前面确定的不同投资人的投资金额、时间和投资到巨灾发生前日的净值以及最低持有期，计算出每位投资人应当获得的实际补偿金额。

6.7.4 公益补偿金的支付

公益补偿金，是我国巨灾补偿基金所担负的社会义务和责任，其支付是先于商业补偿金支付的。正如前面已经谈到的，巨灾发生后，可按受灾注册地巨灾发生前一年 GDP 的 0.03%从国家账户提取出专项公益补偿金，再按受灾注册地的人口数目平均分配后支付。

由于公益补偿金的计算十分简单，我们认为巨灾发生后，巨灾补偿基金完全可以迅速计算出补偿总额，并立即划拨出专项补偿金，用于对灾民的紧急救助，其反应速度，一定程度上完全可以非常快速，比如在半个小时甚至更短时间内发放下去。

公益补偿金的支付，原则上仍然可以使用现金的方式。但如果是救灾需要，且是灾民生活和救助所必需的，也可折算为救灾必需品发放下去。

6.7.5　商业补偿金的支付

确定了本次巨灾应支付的补偿金后，巨灾补偿基金应从国家账户上的现金或利用国家账户上的相应资产为质押、抵押或担保融得的资金或前面讨论过的特别国债融得的资金，及时支付给相应的基金投资人。原则上，相关的补偿金应以现金方式直接支付到相关投资人事先登记或指定的账户上。在特殊情况下，经投资人确认后，可以相应资金购买投资人所急需的灾后急救用品等方式支付。

6.7.6　特殊事项处理

巨灾之下，难免有些特殊事项的发生。一种特殊情况是，原基金投资人在灾害中死亡，无法由其本人领取补偿金。这时，可考虑由其指定的受益人或法定继承人代为领取；如果没有指定的受益人或指定的受益人死亡，且法定继承人也死亡时，可考虑将这部分补偿款及其投资的净值直接归属国家账户所有，用于赈济其他巨灾受害人。

6.8　出险后投资人基金份额赎回管理

6.8.1　赎回资格的认定

巨灾补偿基金是半开放式的基金，只有在约定灾害发生时，基金持有人才可以行使赎回权。因此当投资者要求或申请赎回时，需要首先核实其赎回资格，只有符合相应的条件，才可以进行基金的赎回。

赎回资格认定的第一件事，是投资人身份的核实，为了保证基金的安全，在基金赎回时要进行身份认证。有权赎回者，主要包括投资人本人、其指定的受益人或经法定程序认定的继承人（在原投资人死亡或失去行为能力证明的条件下）。

第二件事，是要证明所投资的基金份额的注册地，是否属于巨灾发生或国家认定的受灾地。只有当基金份额的注册地属于国家认定的巨灾受灾地，投资人才有权要求赎回基金份额。

第三件事，是有权赎回的人的真实意愿。赎回是个自愿的过程，没有人能强迫要求他人行使赎回权。无论是投资人本人，还是其指定的受益人或继承人，只有当有权赎回的人真实表达了其赎回意愿，比如，提出赎回申请后，才能赎回基金份额的净值。

6.8.2 赎回额的计算

基金投资人赎回的基金净值，是从投资人投资基金之日的第二天开始计算，按基金投资的实际收益，在扣除基金本身的管理费用等成本和税收后，计入基金的净值。基金的投资收益，应逐日计算并报告。具体的计算方法，可借鉴开放式基金净值的计算方法。与开放式基金不同的地方是，巨灾补偿基金有两个账户，是分开计算的。基金公布的基金份额净值，只是社会账户中基金份额的净值。

要说明的是，赎回资金来源于社会账户，不会对政府账户产生直接的冲击和影响。只是，如果赎回额较大时，可能会影响政府账户从社会账户收益中的分配额，影响政府账户的资金积累。不过，从另一方面看，正因为遭受巨灾的投资人能获得多倍于自己投资净值的补偿，更容易吸引更多的人投资于巨灾补偿基金。基金后期的资金积累不仅不会减弱，相反，应当更有保障。

6.8.3 补偿却不赎回的处理

正如前面讨论过的，只有投资人、其指定的受益人或法定继承人愿意赎回，才能赎回；基金无权要求投资人强制赎回。补偿却不赎回，指持有人只接受了补偿，却暂时不愿意赎回净值而继续持有的情况。

在这种情况下，投资人已经在刚发生的巨灾中获得了补偿，为了确保基金的公平性，我们认为应以其净值为基础，将其视为再次重新购买基金份额，重新计算最低持有时间等。这样，才能更好地保证赎回和不赎回者之间以及基金的新投资人和早期投资人之间的利益平衡。

6.9 巨灾补偿基金赎回管理

由于巨灾的发生很难预测，而一旦发生巨灾，受灾注册地的投资人就可能要求赎回自己的基金净值，因此，巨灾补偿基金必须随时准备着应对这种突如其来的赎回冲击。由于投资人只是从社会账户中赎回自己个人的投资净值，并不影响其他投资人的资产价值；加之发生巨灾的注册地，可能只是众多注册地中极少的一小部分，因此，从理论上讲，以全国的社会账户资金应对小范围注册地的赎回需求，本身并不会有什么问题。

但如果遇到某些非常重要的注册地，其投资在整个巨灾补偿基金中的占比较高时，极有可能对基金、特别是基金中的社会账户造成较强的流动性冲击。这就要求巨灾补偿基金在管理社会账户的资金时，必须保持较为充分的流动性或具备较强的短期的融资能力。

6.9.1 应对赎回风险的现金管理方法

赎回的现金需求，主要是指基金持有人赎回其净值的现金需求，对巨灾补偿基金而言，其主要的特点是赎回人数、赎回数量和赎回的时间都很不确定。由于这种不确定性，所以基金管理人在进行现金需求数量的估算时，必须收集有关持有人的信息，包括投资者的赎回意愿、不同注册地的投资分布、全国的巨灾发生的平均概率等。并根据这些信息，对常规的现金保留水平进行预测，并确保基金所持有的资产应具备充分的变现能力，或开辟特别的融资渠道，在急需现金时能以较低的成本融入必需的现金。

6.9.1.1 现金需求数量预测方法

（1）历史法，包括统计分析法和加权平均值法两种。统计分析法是指根据基金历史上不同时期的赎回量，进行统计分析，找出在不同时期、不同状况下基金持有人的赎回规律。基金管理人可以根据这些规律，结合目前和未来一段时间的市场状况等各种因素，确定未来一段时间的赎回量，并预留相应的现金来应对赎回。由于巨灾补偿基金没有相应的历史数据，而且其赎回背后的基础和原理又与普通开放式基金有着很大的不同，取决于未来巨灾发生的时间和概率，而不单纯取决于市场状况。因此，短期内，可能无法使用直接的历史统计方法。但管理部门仍然可以根据我国过去巨灾的发生情况，包括发生的种类、频率、影响的区域范围等数据，对巨灾本身进行一些统计分析，进而对赎回需求做出预测和分析。

在基金正常运作一定时间，比如 10 年后，就可以逐步开始使用加权平均值法来预计可能的赎回需求。这一方法的特点是，随着时间窗口和长短不同，其稳定性和时效性可能存在一定的互补性。时间窗口越长，移动平均值的稳定性越强，但时效性可能会相对较差；反之亦然。由于巨灾高风险低概率的基本特征，我们建议和前面讨论补偿倍数一样，可考虑采用 20 年左右的时间为时间窗口长度，以综合平衡稳定性和时效性。

（2）参考法，指借鉴参考其他类似基金的数据来确定赎回量的方法。比较遗憾的是，巨灾补偿基金属于一种全新的基金模式，很难直接使用其他基金的相关数据作为参考。不过，由于巨灾补偿基金面对的也是巨灾风险。虽然不一定有其他基金的数据作为参考，但保险行业的损失与理赔数据、国家相关灾害研究部门等所收录的巨灾发生情况等数据，却可以为基金提供另一种参考数据。

（3）未来预测法。对巨灾补偿基金而言，对赎回需求的预测，其本质是对巨灾发生情况及其分布的预测。虽然要准确预测单一巨灾发生的具体时间和位置存在非常大的困难，但就幅员辽阔的中国而言，根据历年的巨灾发生数据，就全国范围内可能发生巨灾的种类、次数、大概的分布区域等进行预测，比准确预测单一巨灾反而要容易许多，因为这种情形下，我们要的不是精确性，而是在一定统计条件下的可接受程度。

在实际操作中，完全可以综合运用上述方法，比如，以历史数据的统计分析为基础、参考保险行业及不同巨灾专业研究部门的数据，引入必要的预测方法和模型，应该能达到不错的效果。

6.9.1.2 投资者结构分析

如果巨灾补偿基金能广泛吸收各类资金来源，无论是对资金大规模的追求还是对资金来源多样性的追求都能给基金的管理者带来好处。但是从控制基金赎回风险的动机出发，对基金的购买资金的来源、基金购买者的动机、基金投资者的风险承受能力等因素进行必要的分析和记录都是极为重要的。

基金的投资者包括散户投资者和机构投资者两大类，与之相对应的是他们不同的购买动机和风险承受能力，以及由此衍生出来的不同的购买和赎回习惯，这些习惯包括他们对赎回要求的时间、频率、数量等。因此，了解基金投资者的风险收益偏好，明确其可能的赎回数量时间，在此基础上对基金投资者的构成加以研究分类，可以形成对基金在未来一段时间的潜在赎回状态的预测，进而构建与之相应的基金资产负债期限结构，满足基金流动性需要。

而且基金管理者可以根据数据定期与投资者进行沟通并保持联系，在危急情况下有针对性的公关对缓解巨灾补偿基金的赎回风险可以起到积极的作用。散户投资者的投资量相对较小，投资理念的理性程度不足，而且由于他们的风险承受程度具有多样性，因此面对单个散户投资者的赎回频率和数量很难预测。针对这一特点，可以借鉴商业银行和保险的做法，使用统计方法来观测散户投资者的赎回状态。

相对于散户投资者，机构投资者拥有庞大的资金实力，较强的抗风险能力和成熟的理性投资理念。机构投资者由于自身存在一定的社会性，并追求资金的保值增值，更为强调资金的安全。

6.9.2 基金资产的配置分析与管理

6.9.2.1 证券选择

流动性对基金所持有证券有两点要求：一是持有期同现金支付的期限相匹配，或者有稳定的可预期的股息、利息流入；二是证券本身流动性好，容易以最低成本变现。但在目前股票市场，一方面上市公司业绩波动幅度极大，分红随意性大，往往难以预测对未来持有期的现金收入情况。另一方面，在上市公司素质普遍不高、优质蓝筹品种稀缺的情况下，难免出现各家基金同时重仓持有某一只股票的情况。而有关法规只对基金所持有股票占总股本的比重规定了上限，并没有对其占流通股本的比重作出限定，致使一些流通股与总股本差别较大的股票，出现一家基金或多家基金重仓控制的情况，流动性非常弱。

上述情况在封闭状态下，只要账面净值持续增高，短期内尚无大碍，只在分红时期面临一定的变现困难。但是对于半开放的巨灾补偿基金，仍然会面临资产的赎回风险。这是因为，虽然巨灾补偿基金在没有发生巨灾时，不会有赎回风险，但一旦有巨灾发生时，如果基金收益过低，部分本来没有赎回需求的投资人，也可能会选择赎回。

我们的研究认为，巨灾补偿基金应是面向全球进行证券选择的，没有必要非限制在国内进行投资。如何充分利用基金的稳定性、基金资产在长期和流动性两个方面的特点配置必要的长期和短期资产，在确保必要的流动性的同时，提高基金资产的收益率，是需要专门进行研究的课题。

6.9.2.2 资产配置

鉴于巨灾补偿基金半封闭的特征以及巨灾风险的特点，我们认为巨灾补偿基金在资产配置模式上，采用长期和短期资产比重较高，而中期资产比重相对较低的哑铃模式相对更为合适。理由是，只要不发生巨灾，就不会有赎回的问题，投资资金就可以用于长期投资；但另一方面，巨灾的发生不可确知，且一旦发生后就可能面临突然的赎回风险，因此又必须确保一定流动性较强的资产，以备不时之需。所以，从这两个方面的特征看，哑铃模式更为合适。另外，即使在长期资产的配置中，也仍然可以使用分批到期、定期循环投资的方式进行投资。比如，将总资产中的70%用于长期投资，再将这70%除以365，即每天投资一份长期资产，以确保每天都有长期资产到期，这样，即使发生巨灾，我们至少可以保证有一天的投资额是到期可以用于补偿支付的。

7 巨灾补偿基金运作模拟

前面巨灾补偿基金运作的理论模型虽然从理论上表明基金运行的可行性，但基金能否稳定、顺畅、长期运行，特别是面对不确定的巨灾冲击时，在多大可靠区间内能确保其稳健性，需要进一步通过模拟研究进行探讨。

在模拟中，我们遵循先单项巨灾风险、后综合模拟；分区分级、以险定级、以险定偿的基本思路。需要说明的是，鉴于我国幅员辽阔，不同巨灾风险在地区间存在显著差异，注册地的详细分级是一项巨大的工程，显然无法在本题的研究中做到准确和具体，在模拟研究中，只能从基本原理和方法上进行模拟，研究中使用的相关参数和风险级别设定等，均是在相关领域的研究成果的基础上开展的，我们相信本项研究在精确性上的不足，并不会影响研究结论本身的可靠性和实用性。

由于基金的补偿资金由国家账户支出，所以在模拟中，我们将重点关注国家账户的余额变化，包括余额净值的变化以及可能出现的短期融资等情况。

7.1 模型公共参数选择

和许多研究一样，参数选择常常是最困难的工作之一。在对巨灾补偿基金双账户资金变动的分析中，已经讨论过模型的相关参数问题。在这里的模拟研究中，将首先对这些参数再次进行界定和明确，作为进一步模拟研究的基础。

7.1.1 巨灾补偿基金社会账户初始投资

巨灾基金注册地投资取决于当年相应注册地 GDP 和该注册地的巨灾风险级别，我们假设注册地巨灾基金投资与当年 GDP 的比值 $IR_i = k_i \times IR$，这里 k_i 为注册地 i 的巨灾风险级别，$IR = 0.01\%$。例如，如果我们根据巨灾风险由低到高将注册地分为三级，则 1 级注册地 $k_i = 1$，该注册地的投资规模为其当年

GDP 的 0.01%；2 级注册地 $k_i = 2$，其投资规模为当年 GDP 的 0.02%，以此类推，3 级注册地投资规模为其当年 GDP 的 0.03%。

7.1.2 巨灾补偿基金社会账户投资收益率

鉴于基金的半封闭性，基金的资金，尤其是社会账户资金是非常稳定的，完全可以有相当一部分做长期投资，我们相信这一收益率的设定是具有现实性的。为了简化模拟过程，我们假设这一收益率在模拟过程中保持不变，收益率使用短期贷款利率 $y = 6\%$。

7.1.3 巨灾补偿基金社会账户收益分配比例

巨灾补偿基金的分配比例为 $\alpha_i = \alpha = 0.5$，且在模拟阶段保持不变。而在实际运作中，这一比例，完全可以根据基金的实际情况，经过特定程序进行必要调整。

7.1.4 巨灾补偿基金国家账户初始资金

国家账户初始金额 A_{g0} 的设定，按 2009 年安排 75 亿元，2010 年增加至 113 亿元的金额[①]，并参考近几年的巨灾发展情况以及 GDP 的增长情况，我们设定政府对国家账户的初始投资为 $A_{g0} = 150$ 亿元。除了期初的投资外，在运作期间国家对基金每期进行追加投资。我们假设国家 GDP 增长率 $g = 2\%$，每年按照 GDP 增长的万分之一进行追加投资。

7.1.5 国家账户运作参数

国家账户运作与社会账户相同，收益率按照长期国债收益率 4.9% 运作。根据前面的分析，模拟中每期分配给国家账户的收益为：

$$Y_{gt} = \alpha \times y \times A_{st-1}$$

这里 A_{st-1} 为社会账户上期资金总额。

根据我们的巨灾补偿基金国家账户模型，假设 t 期国家账户资产总额为 A_{gt}；如果没有巨灾发生，不考虑政府追加投资和公益型补偿问题时，国家账户累计则有式 7-1：

$$A_{g(t+1)} = A_{gt}(1 + y_g) + Y_{gt} \qquad 7-1$$

---

① 专家称中国灾害救助标准仍需大幅提高，法制网－法制日报（北京），http://money. 163.com/11/0517/10/748HTMPG00253B0H. html.

若 t 期注册地 j 发生巨灾，根据我们的模型国家账户累计则有式 7-2：

$$A_{g(t+1)} = A_{gt}(1 + y_g) + A_{st}(\alpha \times y \times IR \times GDP) - \sum_{j=1}^{n} p_j \times IR_j \times GDP_j \qquad 7\text{-}2$$

p_j 为注册地 j 的补偿倍数，与注册地初始投资额相同，大小主要取决于注册地的巨灾风险程度。在注册地分级区划中，我们提出按 10 级分类，但在模拟中为了简化模拟过程，我们准备将第 1、2、3 级归为 1 等注册地，将 4、5、6、7 归为 2 等注册地，余下的 8、9、10 级归为 3 等注册地，以简化模拟过程。例如，按照注册地巨灾风险由低到高排序，1 等注册地发生巨灾，国家账户对该注册地的补偿倍数为 10 倍，如果注册地根据其巨灾风险被列为 2 等，那么对它的补偿倍数为 5 倍，3 等注册地为 2 倍的初始补偿倍数，然后根据式 6-9 进行调整，由于式 6-9 给出的是最高补偿倍数，现实中基金不可能在一次巨灾中将全部的政府账户余额用于补偿，也就是不会按最高倍数补偿，且为了缩小不同注册地和险种之前可能的巨大差异，我们为 1、2 和 3 等注册地设定了最高补偿倍数，分别为：12、7 和 5 倍。现实运作中，补偿倍数可以取决于巨灾的类型、巨灾的发生频率、巨灾发生的区域和巨灾造成的损失等多种因素，实际的补偿倍数可能是不同的值。除了按照购买金额当年的规模补偿外，国家账户还对巨灾发生注册地进行公益补偿，我们假设补偿规模为其当年 GDP 的 0.03%。

为了提高与实际情况的相似度，我们分别选取了全国 31 个省级行政区域和 1 973 个县市作为数据样本，用样本的 2013 年 GDP 总量作为我们计算巨灾补偿基金初始投资、巨灾补偿和公益性补偿的计算依据。按照我们前面所述，对不同的巨灾我们将县市级注册地分为了 3 级①，具体占比见表 7-1。我们在模拟时，将按这里统计的结果分别设置相应比例级别的注册地、同时匹配各县的 GDP 计算其投资额和补偿额。

表 7-1　　我国县（含县级市）三种巨灾三级分类下的占比统计

地震			洪涝			台风		
1 等	2 等	3 等	1 等	2 等	3 等	1 等	2 等	3 等
84.63%	8.22%	7.15%	48.79%	22.15%	29.07%	36.41%	42.39%	21.20%

---

① 具体分级依据，我们将在后文给出。

7.2 地震巨灾风险及其补偿情况模拟

7.2.1 地震巨灾发生频率模拟

根据文献研究，我们使用极值分布来模拟地震巨灾发生。在概率和统计学中，极值分布描述的是一个随机变量最大值发生的可能性，一般极值分布的分布函数如式7-3所示：

$$F(x;\mu,\sigma,\xi) = \exp\left\{-\left[1+\xi\left(\frac{x-\mu}{\sigma}\right)\right]^{-\frac{1}{\xi}}\right\} \qquad 7-3$$

其中，$1+\xi\left(\frac{x-\mu}{\sigma}\right)>0$，$\mu\in R$ 是位置参数，$\sigma>0$ 是尺度参数，$\xi\in R$ 是形状参数。根据形状参数的取值不同，一般极值分布可以变化为我们熟知的 Frechet、Weibull 和 Gumbel 分布。图7-1给出了 $\mu=0$，$\sigma=1$ 和 $\xi=0.00001$ 的极值分布密度函数。

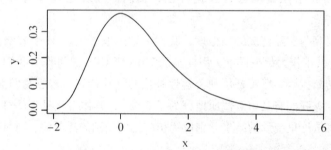

图7-1 $\mu=0$，$\sigma=1$ 和 $\xi=0.00001$ 的极值分布密度函数图

在模拟过程中，我们根据地震极值理论原理，假定某一区域在时间 t 内发生的一系列地震中，最大的震级的地震分布服从分布函数：

$$F(x;\mu,\sigma,\xi) = \exp\left\{-\exp-(\beta(x-\mu))\right\}$$

可见，这一分布为 $\xi=0$ 和 $\sigma=\dfrac{1}{\beta}$ 时的极值分布函数（Gumbel 分布函数）。

对于地震最大震级的极值分布参数选择，我们首先根据图4-2所示我国地震带的分布将注册地按其所处区域分为三级：连发式地震带的注册地为3级，单发式地震带的注册地为2级，其他为1级。

对于特定级别的地震最大震级分布函数参数的选择，我们参考了陈培善和林邦慧（1973）的研究。在这篇论文中，作者对华北地区地震发生数据分析后发现使用极值分布可以很好地拟合该地区地震发生频率，而且文中指出该分布对我国其他地震带的地震频率数据也适用，因此，我们参考这篇论文中对参数的估值。由于论文使用的是华北地区京冀一带的地震数据，而我国这一地区处于连发式地震带，所以 1 等注册地的分布参数我们使用了文章的估计值：位置参数 $\mu_1 =$ 2.86，尺度参数倒数 $\beta = 1.71$（其中，β 为与地震频度关系中的 b 值差一个常数 $\ln 10$，所以意义与 b 值一样。$\lg n(x) = a - bx$，x 是震级，$n(x)$ 是 x 邻近的单位震级范围内的地震次数，可得到 b 的含义；μ 为复发周期为一单位时间的地震震级）。对其他级别的注册地，我们在此基础上考虑对注册地地震巨灾发生概率做适当调整。对于 2 等注册地，我们假设参数 $\mu = 2.5$，$\beta = 1.8$；3 等注册地的参数为 $\mu = 2.2$，$\beta = 2$。图 7-2 显示了这里设置的三级注册地地震的极值分布函数图。

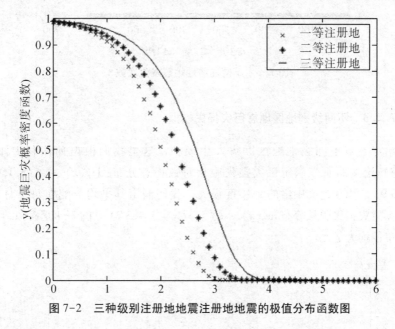

图 7-2　三种级别注册地地震注册地地震的极值分布函数图

7.2.2　不同级别地区巨灾发生模拟

给定上述参数后，我们就可以对不同级别的注册地一段时期内的地震发生情况进行模拟。这里我们设定注册地样本为 200，基金运作时期为 50 年，同时设定大于 6.5 级的地震为巨灾，按照每个月的时间段来进行模拟。由于上述参数描述的是地震最大震级的年度数据，我们需要将其转换为月度分布。图 7-3

是转换后的模拟，其中横轴是巨灾发生的时间，纵轴是当月发生地震巨灾的次数，图中用不同的点标注对应的注册地级别。可以看出 1 等注册地没有发生巨灾，2 等注册地发生巨灾的概率为 0.012，3 等注册地发生巨灾的概率为 0.027。从结果来看，50 年内发生地震巨灾的次数为 30 次，基本与历史数据吻合。

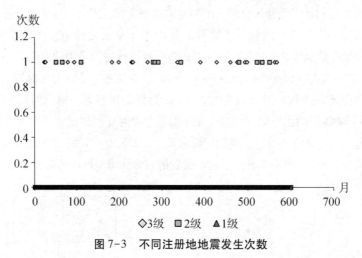

图 7-3　不同注册地地震发生次数

7.2.3　不同级别地区地震巨灾损失模拟

给定上节不同级别地区巨灾发生模拟，这里我们根据孙伟和牛津津（2008）论文的研究假定巨灾损失服从对数正态分布：$\log(x) \sim N(8.156, 3.483\,9)$。由于论文中给的是年度损失，我们假定其平均分配在每个月份，则月度巨灾损失服从分布 $\log(x) \sim N(5.671,\ 3.483\,9)$。图 7-4 是模拟结果，数据单位均为亿元。

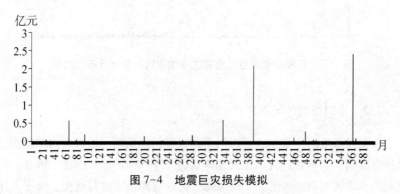

图 7-4　地震巨灾损失模拟

我们根据前面地震巨灾在不同注册地发生的概率，模拟相应级别注册地地震的发生情况可以看出 3 等注册地巨灾发生的频率和损失均明显高于 2 等注册地。1 等注册地由于没有发生巨灾，故损失为零。

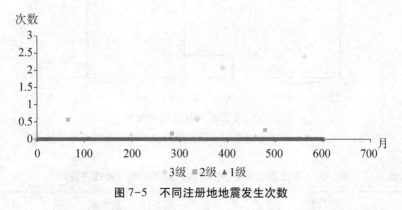

图 7-5　不同注册地地震发生次数

7.2.4　地震巨灾补偿基金国家账户模拟

设定基金运作时间为 50 年，整个基金运作过程的模拟次数为 100 次（1 000次的模拟结果与 100 次差别很小，故这里我们给出 100 次模拟结果）。为了更好地显示模型的稳健性，我们从最简单的单一注册地开始，然后模拟了注册地数目增加和补偿倍数等参数对国家账户资金的影响。

7.2.4.1　单一注册地

我们假定所有注册地巨灾风险相同，使用前文所述 3 级注册地巨灾发生分布参数（$\mu_1 = 2.86$ 和 $\beta = 1.71$）和补偿倍数 2 倍。这一假定，是基于最坏打算或可能性来考虑的。如果其他注册地为 2 级或 1 级时，虽然按我们的设计，其补偿倍数会更高，无论从发生巨灾的可能性还是损失方面，都可能更低，其最终的补偿额将比 3 级注册地假设下更低。

注册地 GDP 规模使用我国 31 个省级行政区 2013 年 GDP 规模，社会账户按照 0.01% 的投资比例，初始规模为 63 亿元。除此之外，我们假定不会在两个月内连续发生大于 6.5 级的严重破坏性地震，并且每年这类地震巨灾发生的次数不得高于三次。其他参数均使用模拟的公共参数。

由给定参数设定，图 7-6 给出了统一 3 级注册地假定下国家账户模拟的期末资产分布，表 7-2 给出了模拟结果的描述性统计结果。从模拟的结果来看，国家账户有出现负值的情形，但是从 50 年的运作周期来看，绝大部分国家账户期末资金规模都出现在 2 500 亿~5 500 亿元的范围，均值在 4 424.2 亿元，方差为 459.91 亿元，期末国家账户出现负值的概率为 0。

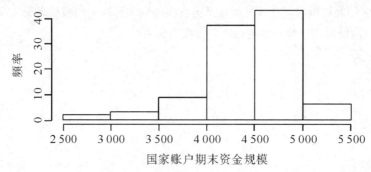

图 7-6　统一为 3 等注册地假定下国家账户资产期末余额分布（50 年）

表 7-2　统一为 3 等注册地假定下国家账户期末资金规模描述统计

	均值	方差	中值	最小值	最大值	偏度	峰度
国家账户期末资产规模（亿元）	4 424.2	459.91	4 489.58	2 875.17	5 172.04	−1.11	1.26

根据国家账户期末资产规模，我们在图 7-7 中给出了最大、最小和中值的情况。从图中的国家账户最大和最小累计曲线我们可以看出国家账户在运行期间的范围。而从累积过程可以看出，国家账户的期末资金规模很大程度上取决于期初巨灾发生的频率和补偿规模。如果期初国家账户有较大的补偿，则之后的累计速度会明显减慢。

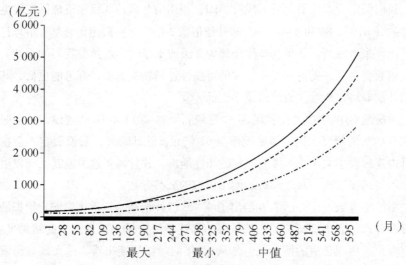

图 7-7　统一 3 等注册地假定下国家账户资产累计模拟（50 年）

图7-8 给出了统一为3等注册地假定下国家账户累计模拟和对应的巨灾补偿情况，可以看出在运作初期，大于6.5级的地震在GDP较高的注册地连续出现了2次，国家账户出现了较大规模的补偿（补偿和公益性补偿共计约69亿元），而且后期巨灾发生了4次，其中一次补偿总额达到了近80亿元，所以国家账户资产累计的补偿较低。但是由于与巨灾补偿基金初始投资规模相比，国家账户初始规模较高，所以并未出现透支情形。从国家账户补偿和公益性补偿金额来看，分别占到模拟所得巨灾损失的13.48%和4.44%，总体占到17.92%，相比于2008年汶川大地震中保险业的赔付比例0.21%来讲，要高出80倍以上。

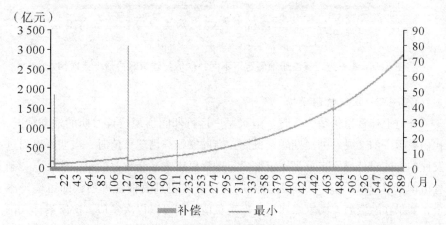

图7-8 统一为3等注册地假定下国家账户余额与对应的巨灾补偿（50年）

7.2.4.2 补偿倍数变化情况

我们在这一节分别将补偿倍数提高至4倍和5倍，图7-9是相应的国家账户期末资金规模最小情况，可以看出当补偿倍数提高至4倍时，国家账户在运行期间出现了短暂的透支情况，当补偿倍数提高至5倍时，这种现象出现的时间更长。在这期间由于国家账户只有补偿，而没有利息收入，积累完全依赖社会账户的收益缴存，所以国家账户的规模在不断减小。但是，随着社会账户规模的增加，其分配到国家账户的资金在基金运作后期已经可以完全抵消之前的透支。

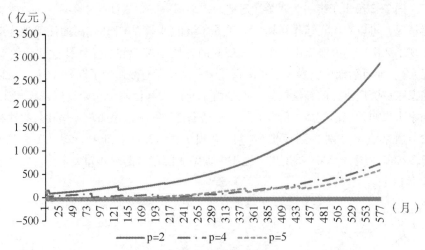

图 7-9　统一为 3 等注册地假定下不同补偿倍数国家账户最低余额情况

7.2.4.3　发债机制模拟

针对上述补偿倍数为 5 时，国家账户运行期间出现较长时期的透支情况，我们模拟了前文设计的短期融资机制：当国家账户出现负值时，当期可以通过发债的方式对外融资来补足国家账户，融资以巨灾基金收益的 1.1 倍计息，利息由国家账户来承担，一旦国家账户累计资本超过发债规模后，即可偿还本金；如果在融资后，国家账户再次出现负值，则可以再次发债，发债累计入国家账户债务。我们使用上述补偿倍数为 5 的国家账户和补偿数据模拟了这一机制。

图 7-10 给出了模拟结果。从中可以看出考虑发债机制后，国家账户不再出现负值。由于运行期间巨灾补偿规模较大（最大补偿高达 94 亿元），期初基金的运作无法在很短时间内还本付息，因此发债规模有叠加的情况出现。尤其在基金运作 20~30 年间，国家账户一度实现还本付息，但由于再次发生巨灾补偿，所以我们看到了再次出现融资。在基金运作的后期，社会账户的补偿规模不但可以偿还国家账户融资利息，而且有了一定剩余。所以，模拟结果表明：在巨灾发生频率不是很高，补偿额度不是特别巨大的情况下，这一机制是可行的。

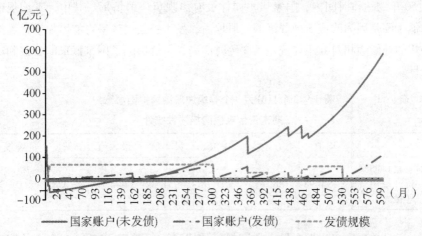

图 7-10　统一为 3 等注册地，固定补偿倍数假定下巨灾补偿基金发债机制模拟（50 年）

7.2.4.4　多等级注册地模拟

为了更好地与前文所述的巨灾补偿基金机制吻合，我们将单一注册地扩展到多等级注册地，这里我们使用县市级行政区作为模拟的注册地，因为现实中，地震的发生通常不会波及省的范围，比如 2008 年汶川特大地震，损失范围并不会涉及整个四川省，因此使用县级注册地更符合现实情况。根据 2013 年我国县级行政区域 GDP 数据，我们选取了 1 973 个县作为注册地，按照前面所述认购规模，基金初始投资额为 27 亿元，为省级注册地初始投资额的大约 1/3。我们将注册地按照前文所述分为 3 等，图 7-11 是模拟的结果，表 7-3 给出了对模拟结果的描述性统计。

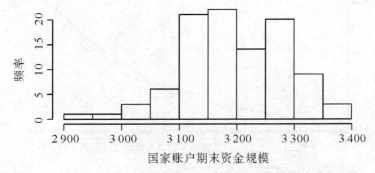

图 7-11　将 1 973 个县分为三等注册地模拟国家账户期末资金规模

可以看出，注册地的增多使得国家账户的表现要稳定很多。虽然期末资金平均规模降低，但是与单一注册地相比，国家账户资金规模的方差明显变小。

在 50 年的运作时间内, 国家账户同样没有出现负值的情形。其中, 平均规模降低主要是因为改成 3 种等级的注册地后, 发生补偿的频率可能增加了, 虽然平均的补偿额相对并不如统一为 3 等时的高, 但这影响了国家账户的收益和增长性。

表 7-3　　　　　　将 1 973 个县分为 3 个等级注册地模拟国家账户
期末资金规模的描述性统计

	均值	方差	中值	最小值	最大值	偏度	峰度
国家账户期末资产规模（亿元）	3 194.98	85.7	3 191.95	2 931.32	3 374.69	−0.31	−0.33

而且从国家账户期末最小资产规模的情况, 如图 7-12 对 1 973 个县按三级分类后国家账户最小资产余额变化情况, 国家账户抵御巨灾的能力明显提高。在图 7-13 中, 详细模拟了其最初 3 年的情况, 可以看出, 国家账户在运作初期虽然有过多次补偿, 但是并未有明显的下降, 仅在补偿额度接近 3.5 亿的水平时, 才有了明显的波动, 很显然, 对注册地的细分, 能有效提升整个补偿基金的稳定性。

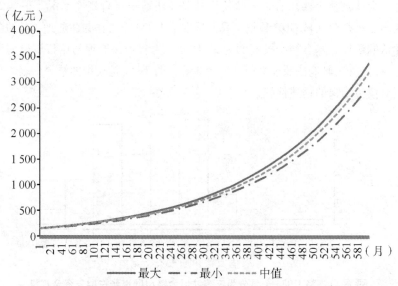

图 7-12　对 1 973 个县按三级分类后国家账户最小资产余额变化情况

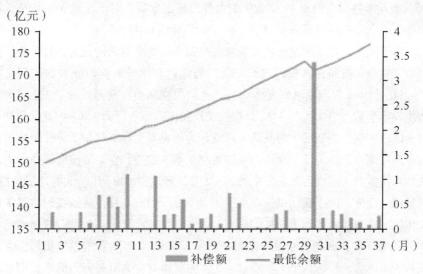

（亿元）

图 7-13　对 1 973 个县三级分类后国家账户最低余额 3 年的详细情况

7.3　洪涝巨灾补偿基金运作模拟

洪水巨灾补偿基金的模拟与地震巨灾基金基本一致，只是在注册地划分和洪灾发生的模拟上有略微的差异。

7.3.1　洪涝巨灾分级模拟

我们根据前文对于我国洪涝灾害发生的描述对注册地进行划分。在图 4-3 中，可以清晰地看到，我国华南地区、长江中下游地区、黄淮海地区为洪涝多发地，东北地区、西南地区为洪涝次频发地，西北地区为洪涝少发地，因此我们将洪涝多发和次频发地区的县市注册地划分为两个级别：洪涝少发地区注册地为 1 等，次频发地区注册地为 2 等，多发地区注册地为 3 级。对于三个不同级别的注册地补偿倍数不同：1 级注册地补偿倍数为 10 倍，2 等注册地补偿倍数 5 倍，3 等注册地补偿倍数为 2 倍，与地震巨灾一致。

对于洪灾发生的模拟，我们参考刘家福和吴锦等的论文《基于泊松—对数正态复合极值模型的洪水灾害损失分析》。在论文中，作者通过对我国洪涝灾害数据的分析得出我国洪涝巨灾发生的概率符合 $P_k = \dfrac{\lambda}{k!}e^{-\lambda}$ 的分布。其中，

P_k 为极端事件发生的概率, k 为极端事件出现的次数。对于参数 λ 的取值, 我们使用论文中根据洪涝数据对于参数 λ 的估计值 6.07。

由于论文只是给出全国洪涝灾害发生概率, 并未对洪涝灾害进行分类, 所以为了将分级机制加入模拟过程, 我们假定所有注册地均匀分布在区间 $[0, k]$ 上, 其中 k 为当期洪灾发生次数。我们根据两类注册地数量可知, 3 等注册地发生次数为总次数的 4/8, 2 等注册地发生次数占比为 3/8。因此, 每期给出全国洪灾发生次数后, 将其 7/8 取整作为洪灾发生在 1 等与 2 等注册地的次数, 然后剩余的作为 3 等注册地洪涝发生次数。然后, 在 1 等注册地样本内随机抽取次数的 3 倍设为洪灾发生数据, 2 等注册地则抽取两倍, 3 等注册地按 1 倍抽取。此外, 由于我国洪涝多发生于夏季 8、9 和 10 月, 所以我们将洪灾的发生限定在每年的 8 到 10 月, 其余月份没有洪灾的发生。在我们的模拟结果中, 50 年 1 等注册地发生洪涝巨灾总数为 133 次, 2 等注册地发生洪涝巨灾的次数为 104 次, 3 等注册地为 53 次。3 等注册地发生洪涝灾害的概率要明显高于 2 等注册地, 而 2 等注册地要高于 1 等注册地, 基本符合我国不同地区发生洪涝灾害的概率, 如图 7-14 所示。

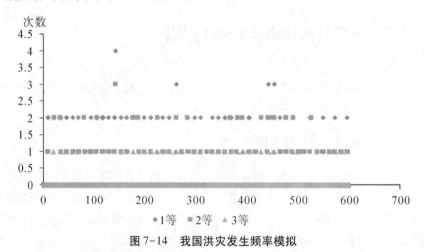

图 7-14　我国洪灾发生频率模拟

7.3.2　洪涝巨灾损失模拟

根据刘家福和吴锦等的论文, 我国年度洪涝灾害的损失服从参数为 $\mu = 1.27$ 和 $\sigma = 0.77$ 的对数正态分布。同样我们假定洪涝巨灾只发生在夏季, 每个月是年度损失的 1/3, 图 7-15 是给定参数巨灾损失的模拟结果, 模拟显示 50 年运行期间洪涝巨灾造成的损失总和为 235.23 亿元。由于论文中没有对样本分级，所以我们模拟的结果是全国范围内发生洪涝巨灾时的损失。在稍后章节中，我们会使用巨灾损失模拟来检验巨灾补偿基金的可行性。

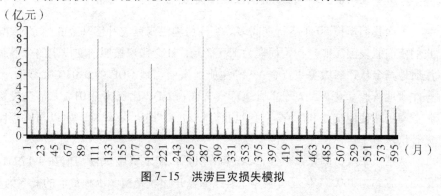

图7-15　洪涝巨灾损失模拟

7.3.3　洪涝巨灾补偿情况模拟

在给定洪涝巨灾发生模拟结果后，我们可以得出相应的巨灾补偿。可以看出50年内需要补偿的总额为161.05亿元，其中3等注册地需要国家账户补偿额为80.46亿元，2等注册地需要39.93亿元，1等注册地需要0.87亿元；另外国家账户对于3等注册地的公益性补偿为25.96亿元，2等注册地为12.33亿元，1等注册地需要1.51亿元。两种补偿占实际损失（前面小节模拟所得）的比例我们也在表7-4中给出，可以看出国家账户50年的补偿总额占到损失的68.42%，其中51.50%来自商业性补偿，剩余16.92%来自公益性补偿。

从对不同级别注册地的补偿比例来看，3等注册地占补偿损失的比例为45.2%，显著高于2等注册地的22.21%和1等注册地的1.01%，在前面我们分析过，虽然3等注册地的补偿倍数2倍的设置，远低于1等注册地的10倍，但由于巨灾发生频率和损失不同，其最后的补偿总额和补损比反而会更高。这体现了"大灾大补、小灾小补、补其所需"的巨灾补偿原则。

表7-4　　　　　　　　50年洪涝巨灾补偿情况模拟

	1等	2等	3等	合计
商业性补偿（亿元）	0.87	39.93	80.46	121.26
公益性补偿（亿元）	1.51	12.33	25.96	39.8
小计	2.38	52.26	106.42	161.06
商业补偿损失占比（%）	0.37	16.97	34.16	51.50
公益补偿损失占比（%）	0.64	5.24	11.04	16.92
小计	1.01	22.21	45.20	68.42

7.3.4 洪涝巨灾补偿基金国家账户模拟

下面我们模拟 50 年运行期间多等级注册地洪涝巨灾补偿基金的国家账户。我们依旧假设国家账户初始规模为 150 亿元，社会账户按照前文设定的多等级注册地基金认购参数募集资金：3 等注册地按照当地 GDP 的 0.03% 来募集，2 等注册地按照 0.02%，1 等注册地募集金额占 GDP 比例为 0.01%。基金投资收益率仍然使用贷款利率 6%。这里我们仅考虑洪涝巨灾风险，所以与地震巨灾补偿基金一样，仍为单一巨灾模拟。

从结果来看，国家账户经过 50 年的积累，期末资金规模均值在 4 179.11 亿元，方差为 100.91 亿元，整体来看国家账户比较稳定，出现负值的概率为 0（见图 7-16）。

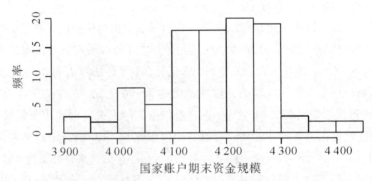

图 7-16 洪涝巨灾影响下国家账户期末余额模拟

从表 7-5 的描述性统计来看，巨灾补偿对于国家账户的累积速度基本没有影响，国家账户最好、最差和中值情况相差不大，也说明了补偿基金的稳健性。

表 7-5　　　洪涝巨灾影响下国家账户期末余额描述性统计　　单位：亿元

	均值	方差	中值	最小值	最大值	偏度	峰度
国家账户期末资产规模	4 179.11	100.91	4 180.88	3 942.41	4 412.28	-0.27	-0.13

从国家账户最低余额模拟结果图 7-17 和图 7-18 也可以看出，国家账户只有在补偿额度超过 2 亿元时才会出现略微减少，这也表明巨灾补偿基金对洪涝巨灾的抵御能力很好。虽然与地震巨灾相比，洪涝灾害发生的频率要高得

多，但是由于注册地较为分散，所以补偿额相比于地震巨灾反而要小很多，所以同样的国家初始基金规模，洪涝巨灾补偿基金累计速度较快。

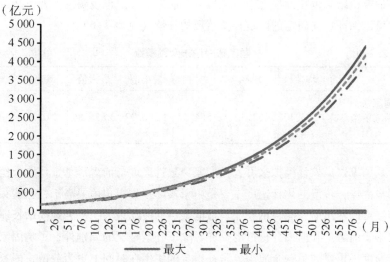

图 7-17　洪涝巨灾影响下国家账户最低余额模拟（50 年）

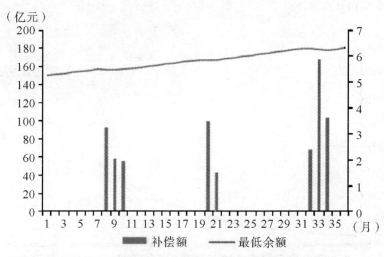

图 7-18　洪涝巨灾影响下国家账户最低余额模拟（3 年）

下面我们通过模拟来检验巨灾补偿基金运作机制能否在满足现实洪灾损失赔偿的前提下正常运作。我们首先模拟洪灾损失，然后针对损失来检验基金国家账户的运作情况。模拟结果显示国家账户出现负值的概率依旧为 0。从期末资金规模的描述性统计可以看出，国家账户与其对洪灾发生次数模拟赔偿情况相比，方差有所增大，但是国家账户期末余额最大和最小值明显减少。这一点并不奇怪，从前文的模拟就可以看出，巨灾损失要比补偿规模大，所以我们有这样的模拟结果也在预料之中，从另一方面来看，这也说明巨灾补偿基金国家账户可以保证目前假定的固定补偿倍数的补偿（见表7-6）。

表7-6　　　　　　　　国家账户期末余额模拟　　　　　　单位：亿元

	均值	方差	中值	最小值	最大值	偏度	峰度
国家账户期末资金规模	3 555.17	122.72	3 554.57	3 306.97	3 875.86	-0.71	-0.57

从国家账户累计模拟来看，国家账户累计速度与前者对基金认购补偿的情况明显变慢，较慢的累计速度主要是由于实际损失模拟值要高于社会购买基金的值。可以看出前三年，国家账户最低余额的波动很大，基金规模增长速度明显要小于前者。和前面分析过的一样，除了补偿金额的差别外，影响国家账户增长速度很重要的另一个原因，是补偿金的使用在时间上更为分散，国家账户上长期资金的比重下降、对流动性要求更高，从而影响了国家账户资金的增值（见图7-19、图7-20）。

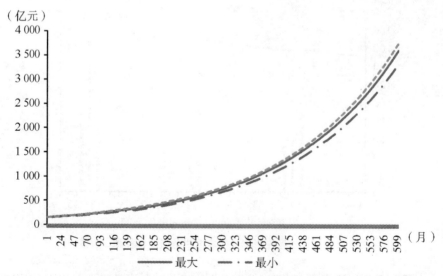

图7-19　固定补偿倍数下和洪涝巨灾影响下的国家账户最低余额模拟（50年）

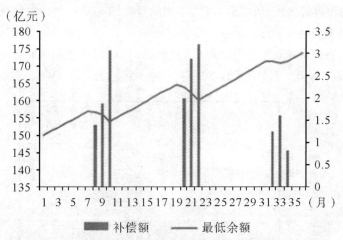

图 7-20　洪涝巨灾影响下的国家账户最低余额模拟（3 年）

　　总体来看，我们的巨灾补偿机制基本上可以弥补洪涝灾害带来的损失，虽然实际运作中，基金的国家账户只是按照注册地购买者对基金持有额的一定倍数补偿，但是我们针对巨灾损失的模拟显示基金完全有能力对实际损失进行补偿。

7.4　台风巨灾补偿基金运作模拟

7.4.1　台风巨灾注册地分级巨灾发生模拟

　　台风巨灾补偿基金的模拟与洪水巨灾补偿基金基本相同，仅有的不同在于注册地划分的依据与具体参数的选择。根据台风侵入中国的路径，我们可以根据注册地与台风源地的距离将注册地划分为三级，例如海南省距离南海台风源地的距离很近，所以我们将海南省所有的注册地归为 3 级注册地。

　　虽然我国台风巨灾也多发生于夏季，但是发生的季节性与洪灾略有不同，台风发生的时期跨度较长，所以我们将台风巨灾发生的时间限制在每年 6~10 月。与洪水巨灾模拟相同，我们限制每次发生台风巨灾注册地的数目最多为 3。

　　对于台风发生次数的模拟，我们借鉴施建祥《我国巨灾保险风险证券化研究——台风灾害债券的设计》中的结论：我国台风的分布符合 $P_k = \dfrac{\lambda}{k!} e^{-\lambda}$，

其中 k 为台风的次数，P_k 为台风发生 k 次的概率，λ 取文中估计值 5.78，三个级别注册地发生台风巨灾的概率密度函数图如图 7-21 所示。图 7-22 的模拟结果显示，我国台风发生的次数为 1 等注册地 21 次，2 等注册地略多于 3 等注册地的次数为 90 次，3 等注册地 50 年内发生台风巨灾次数 204 次。

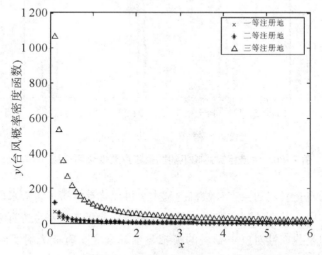

图 7-21 三级注册地台风对数正态分布概率密度函数图

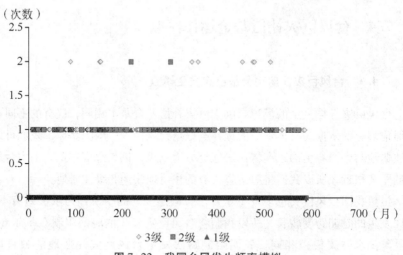

图 7-22 我国台风发生频率模拟

7.4.2 台风巨灾损失模拟

与洪水巨灾模拟相同，我们使用对数正态分布来模拟我国全国台风灾害数据，具体参数选择依据施建祥论文中的估计值 $\mu = 1.45$ 和 $\sigma = 0.24$。在得到年度损失后，我们将其平均分布在上述台风发生的月份（6~10月）。模拟结果如图 7-23 所示，我国台风巨灾 50 年损失额为 255.87 亿元，年平均损失额为 4.51 亿元。

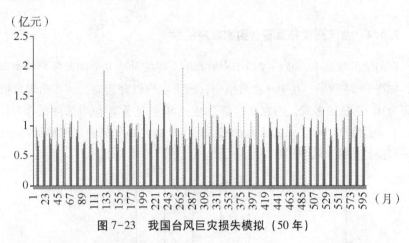

图 7-23 我国台风巨灾损失模拟（50 年）

7.4.3 台风巨灾分级补偿模拟

给定台风巨灾发生模拟结果后，我们可以得出相应的巨灾补偿模拟，其简单的统计结果如表 7-7 所示。可以看出 50 年内需要补偿的总额为 114.74 亿元，其中 3 等注册地需要 71.62 亿元，2 等注册地需要 41.18 亿元，1 等注册地需要 1.94 亿元。相应的公益性补偿为 52.69 亿元，其中 3 等注册地台风巨灾补偿为 31.12 亿元，2 等 19.40 亿元，1 等注册地只需要补偿 2.17 亿元。从国家账户补偿和公益性补偿占巨灾的损失来看，商业性补偿占到了约 44.84%，公益性补偿占到了约 20.59%，巨灾补偿基金基本上能覆盖损失的 65.43%。

表 7-7　　　　　　　台风巨灾损失补偿模拟统计　　　　　　单位：亿元

	1 等	2 等	3 等	合计
商业性补偿	1.94	41.18	71.62	114.74
公益性补偿	2.17	19.4	31.12	52.69

表7-7(续)

	1等	2等	3等	合计
小计	4.11	60.58	102.74	167.43
补偿损失占比（％）	0.76	16.09	27.99	44.84
补偿损失占比（％）	0.85	7.58	12.16	20.59
小计	1.61	23.67	40.15	65.43

7.4.4 台风巨灾补偿基金国家账户模拟

在前文的基础上，我们模拟了台风影响下巨灾补偿基金国家账户的余额情况，如图7-24所示。在100次模拟中，国家账户资金均为正值，出现负值的概率为0。从总体来看，国家账户资金经过50年的累计平均保持在3 151.89亿元，方差为92.54亿元，虽然台风巨灾注册地大部分集中在东部沿海地区，但是模拟显示国家账户很好地分散了这一风险。

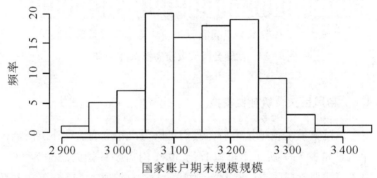

图7-24 台风巨灾影响下国家账户余额模拟（50年）

从表7-8政府账户余额的累积过程来看，与前两种巨灾类似，国家账户余额长期保持上升的趋势。短期来看，1亿元以下的巨灾补偿对国家账户没有影响，由于台风巨灾集中发生在每年6~10月，所以这段时期内国家账户余额会出现一些波动，但随后的累积完全可以填补这些波动带来的资金缺口。

表7-8　　　　台风巨灾影响下国家账户期末余额描述统计　　　单位：亿元

	均值	方差	中值	最小值	最大值	偏度	峰度
国家账户期末资金规模	3 151.89	92.54	3 153.66	2 947.71	3 403.44	0.08	-0.35

（亿元）

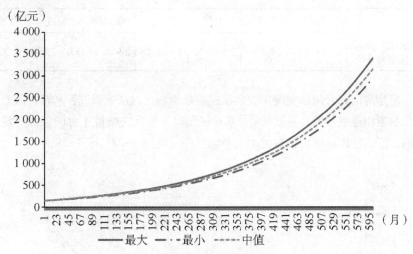

图 7-25　固定补偿倍数下台风巨灾影响下国家账户余额模拟（50 年）

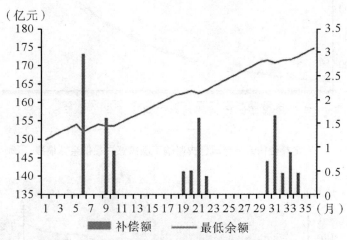

图 7-26　台风巨灾影响下国家账户余额模拟（3 年）

　　我们同样模拟了国家账户对实际损失模拟的表现，如图 7-25 和图 7-26 及表 7-9 所示。国家账户期末资金基本保持在 2 881.87 亿元，方差为 24.51 亿元。国家账户的最坏情形也可以保证期末国家账户维持在 2 814.66 亿元，整体表现比巨灾发生频率模拟情形要稳定。因此，即使对于整体的巨灾损失，我们的补偿机制也可以保持良好运作。

表 7-9			国家账户资产期末余额分布（100 年）				单位：元
	均值	方差	中值	最小值	最大值	偏度	峰度
国家账户期末资金规模	2 881.87	24.51	2 881.55	2 814.66	2 975.88	0.28	1.22

但是与前面台风巨灾发生次数模拟的赔偿相比，从累积过程来看，国家账户长期累积速度较低；短期来看，0.6 亿元以下的巨灾赔付才对国家账户没有影响，所以整体巨灾的抵御能力也略微差些（见图 7-27、图 7-28）。

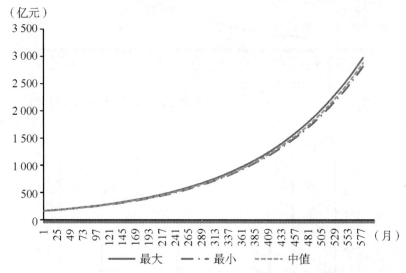

图 7-27　固定补偿倍数下台风巨灾影响下国家账户最低余额模拟（100 年）

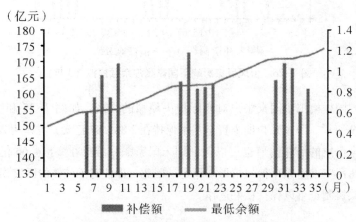

图 7-28　台风巨灾影响下国家账户最低余额模拟（3 年）

7.5　三种巨灾综合模拟

在对单项地震、洪涝和台风巨灾补偿基金模拟后，我们在这节将三类巨灾综合起来，建立统一的多种巨灾综合补偿基金，然后考察多种巨灾发生情况下，我们的巨灾补偿基金能否在补偿发生巨灾注册地的前提下稳定运作。

7.5.1　巨灾发生频率与补偿模拟

我们使用前文对各巨灾模拟参数的设定，将三种巨灾综合起来进行模拟。

表7-10是模拟的结果。可以看出，地震巨灾的补偿要明显低于其他两类巨灾，主要是因为地震巨灾发生的频率低，主要地震带的基金购买规模与后两者注册地主要集中在东部相比，也要小很多。从注册地分级来看，1等注册地由于发生巨灾概率最低，所以获得补偿的额度也最低；3等注册地由于发生巨灾概率较大，所以尽管补偿倍数最低，总的补偿额仍然是最大的，这与保险基本理论相符。从模拟结果可以看出，对三种巨灾，国家账户补偿和公益性补偿平均达到了损失的54.87%。

在同时考虑3种巨灾、3个级别的注册地、而国家账户的初始资金不变的情况下，50年中共发生巨灾643次，总补偿额为390.02亿元，其中公益补偿为109.78亿元，占15.44%，商业性补偿为280.24亿元，占39.43%；从风险类型上看，地震的补偿额为93.18亿元，其补损比为13.12%，洪涝的补偿额为148.81亿元，其补损比为20.94%，而台风的补偿额为148.02亿元，补损比为5.75%。

表7-10

三种巨灾风险下模拟的损失与补偿情况

	地震				洪涝				台风				合计
	1等注册地	2等注册地	3等注册地	小计	1等注册地	2等注册地	3等注册地	小计	1等注册地	2等注册地	3等注册地	小计	
巨灾发生（次）	5	6	36	47	40	105	128	273	78	109	136	323	643
商业巨灾补偿（亿元）	1.62	10.65	56.96	69.23	0.65	35.24	68.03	103.92	9.91	43.79	53.39	107.09	280.24
公益性补偿（亿元）	0.42	2.45	21.08	23.95	0.34	9.11	35.45	44.9	3.07	15.23	22.63	40.93	109.78
小计	2.04	13.1	78.04	93.18	0.99	44.35	103.48	148.82	12.98	59.02	76.02	148.02	390.02
商业补偿损失占比（%）	0.23	1.50	8.02	9.75	0.09	4.96	9.57	14.62	1.39	6.16	7.51	15.06	39.43
公益补偿损失占比（%）	0.06	0.34	2.97	3.37	0.05	1.28	4.99	6.32	0.43	2.14	3.18	5.75	15.44
小计（%）	0.29	1.84	10.99	13.12	0.14	6.24	14.56	20.94	1.82	8.30	10.69	20.81	54.87

7.5.2 巨灾损失模拟

根据前文提到的关于巨灾损失的文献研究，我们模拟了三类巨灾发生的损失，可以看出：由于洪涝和台风巨灾有着很强的季节性，所以模拟损失也表现出很强的季节性；另外地震巨灾损失发生的随机性也可以从损失结果看出：较大规模的损失出现具有不确定性。从模拟中我们看到三种巨灾损失总和达到了710.56 亿元（见 7-29）。

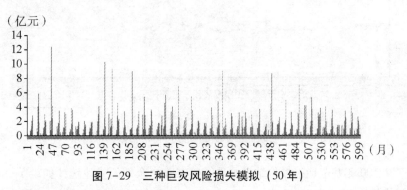

图 7-29　三种巨灾风险损失模拟（50 年）

7.5.3 国家账户余额模拟

给定上述参数的设定，我们使用 R 统计软件对模型进行了 1 000 次模拟，重点研究我们的巨灾补偿基金运作机制能否保证国家账户在 100 年期间中运作良好。另外，我们也分析了不同参数的变化对模拟结果的影响。

首先从各级注册地补偿倍数来看，模拟结果（见图 7-30）基本稳定：1 等注册地的补偿倍数基本保持在 2.5 左右，2 等注册地补偿倍数在 4 左右，3 级注册地波动略大，但是也基本在 8 上下波动。因此，补偿倍数的移动平均计算方法既考虑到了不同时期不同级别注册地发生巨灾损失规模的大小，而且很好地平滑了不同损失规模带来的波动影响。

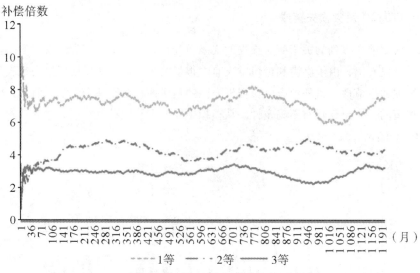

补偿倍数

·····1等　　—··—2等　　——3等

图 7-30　巨灾补偿基金国家账户补偿倍数模拟结果

从 100 年基金运行模拟结果来看，国家账户余额的描述统计如表 7-11 所示，均值为 25 089.93 亿元，方差 4 855.2 亿元，均值方差比为 5.2，最小值为 7 492.3 亿元。图 7-31 给出了国家账户基金累积的最小、最大和中间值变化情况，为了更好地看出运行期间国家账户的变动，我们只画出了 50 年内的累积变化如图 7-32 所示，从该图可以看出国家账户均未出现透支情况，而且运行期间均保持增长趋势，50 年左右的时候，国家账户不仅同时兼顾了公益和商业补偿的重任，而且成功地将国家初始投入的 150 亿元扩大至 25 000 亿元左右，国家账户抵御巨灾风险的能力得到了有力的提升。

表 7-11　　　　　　国家账户期末资产模拟描述统计　　　　　单位：亿元

	均值	方差	中值	最小值	最大值	偏度	峰度
国家账户期末资产规模	25 089.93	4 855.2	25 139.17	7 492.3	39 519.76	-0.05	-0.03

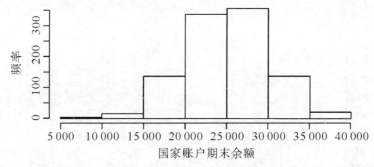

图 7-31　国家账户余额分布

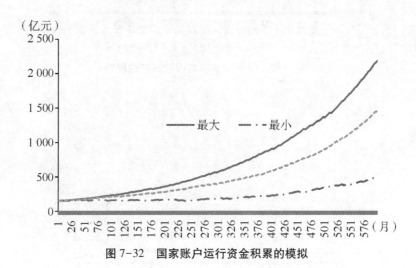

图 7-32　国家账户运行资金积累的模拟

我们同时模拟了不同参数下的巨灾补偿基金国家账户的运行情况。图 7-33是国家账户在 GDP 不同增长率下的累积过程，可以看出随着 GDP 增长率的增加，国家账户累积速度也在加快，但是这种提升效应有递减的现象：增长率从 3%增加到 4%所带来的国家账户累积速度提升作用要小于增长率从 2%增加到 3%的情况，其原因是，GDP 增长后，一方面使国家和社会的基金投入增加，另一方面，因灾造成的损失也会增大、基金的公益性与商业性补偿额也会增加。

图 7-34 给出了不同基金投资收益率对国家账户运行的影响。从图中可以看出，投资收益率对国家账户的影响与其他参数相比要更大。当我们将投资收益率从 6%降低到 5%时，国家账户出现了规模缩小的情况；当收益率增加到 7%时，国家账户累计速度有了明显的提升。

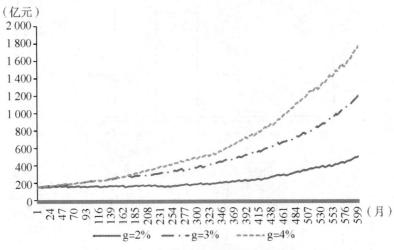

（亿元）

图7-33　GDP 增长率对国家账户的影响

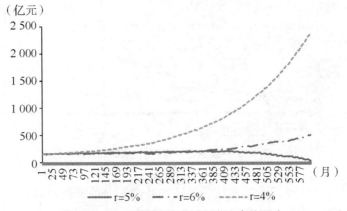

（亿元）

图7-34　基金投资收益率对国家账户的影响

　　与前两个参数相比，公益性补偿参数对国家账户的影响相对较弱，如图7-35所示。当公益性补偿比例从 0.01% 提高至 0.03% 时，基金完全可以保持正常运转，但当这一比例提升到 0.05% 时，会导致基金国家账户余额的负增长。如果再考虑到，这是基金投资人对非投资人的一种转移支付，可能会直接影响基金投资人的投资积极性，这种影响可能会更大。可见，如何控制公益补偿和商业补偿的比例，也是确保基金正常运转的重要影响因素之一。

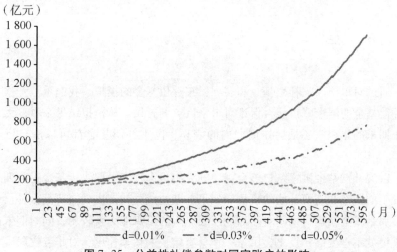

（亿元）

图7-35　公益性补偿参数对国家账户的影响

最后，我们模拟了不同补偿倍数上限对于巨灾补偿基金运作的影响。当我们将不同级别注册地的补偿倍数上限提高至7，9和15时，国家账户的累积出现了减少，期末规模显著降低，如图7-36所示。从模拟可以发现，我们的巨灾补偿基金运行机制可以很好地同时保证未来巨灾发生时的公益和商业补偿。虽然公益补偿倍数和赔付倍数上限参数过高会使得基金规模变小，但是可以看出基金仍未出现透支。当然现实基金运作中，以上参数都会根据巨灾发生和经济运行实际情况设定，可以更好地保证巨灾基金的运作。

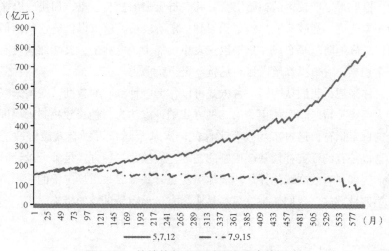

（亿元）

图7-36　补偿倍数上限对国家账户的影响

7.6 总结

通过对单项巨灾补偿基金和多项巨灾补偿基金的模拟，我们重点考察了单项补偿基金的国家账户能否保证对未来巨灾的补偿。从模拟结果来看，无论是运作期末的累积，还是运作周期内的表现，巨灾补偿基金都可以满足巨灾的补偿。

巨灾补偿基金国家账户资金规模的大小很大程度上取决于基金运行期初巨灾发生的概率和需要补偿的规模。如果在基金成立初期出现需要高额补偿的巨灾，那么基金在运行期间对于后期巨灾风险的抵御能力就较弱，同时期末的资金规模就不会太高；反之，国家账户会有较快的积累速度，对于巨灾风险的抵御能力就较强。

那么如何才能有效地提高国家账户对巨灾风险的应对能力？我们的模拟结果给出了几种途径。一是政府提高国家账户的初始投入规模，这种方法起效比较快，效果也非常明显，但是国家一次性投入过高会给财政带来不小压力；二是通过市场运作，提高巨灾补偿基金的投资收益率，但是提高收益率就意味着需要承担一定的风险，另外这种方式需要一定的时间来达到效果；三是通过对注册地巨灾风险进行准确评估分级，从而可以实现不同注册地之间巨灾风险的分散化；四是在基金成立早期，可以由财政发行一部分特别国债来支持基金的发展，以取得早期较多的初始资金，并获得更多的社会投资，加快政府账户的资金积累速度。当政府账户资金积累到一定阶段后，就可以偿还这些国债，这既可以更好地防范基金成立早期巨灾发生可能带来的冲击，又能加速政府账户的资金积累，有效提高政府账户的抗巨灾风险能力。

总体来说，我们认为第一种方式可以作为一种临时的救助，在国家账户出现特大巨灾补偿时临时使用。第二种方式则可以作为一种长效机制来保证巨灾基金的稳定运行，通过市场投资来保证巨灾基金运作可以有效减轻政府的负担，这也是我们巨灾补偿基金机制的初衷。当然第三种方式是基金设计时必须考量的因素，有效准确地评估注册地风险也是基金二级市场定价的一个重要因素。第四种方式，我们认为是最容易实施，又最容易见效的措施。

关于模拟中存在的问题等，将在下一章中详细讨论。

8　研究展望、存在的问题与讨论

虽然前面从多个角度试图将十分复杂的巨灾问题尽量简化，并试图以牺牲精确性换取合理性和可操作性，为应对我国的巨灾风险提供一套金融的解决方案。但由于时间、人力等多方面的限制，仍然有许多问题还有待进一步研究。

8.1　巨灾分布复杂性问题

中国位于大陆与海洋的交接处，东部濒临太平洋，西部又地处全球最高的高原。纬度跨度 50 度左右，气候变化复杂；我国又地处世界最强大的环太平洋构造带与特提斯构造带交汇部位，地质构造复杂，地理环境以及生态环境多变；同时我国又是人口大国，经济发展良好，城市建设发展迅速，但是建筑物对巨灾的承受能力却参差不齐，所有这些因素导致我国不仅是世界上自然灾害最严重的国家之一，也是巨灾分布最复杂的国家之一。

8.1.1　单一巨灾分布的复杂性

即使某单一种类的巨灾，也可能由于我国幅员辽阔、自然和经济因素的不平衡而呈现出复杂性。相关灾害研究领域虽然做了很多工作，但要精确地得到我国巨灾风险分布图，仍然还有相当长的路要走。加之，随着经济和社会的发展，许多巨灾风险因素也会随着改变，巨灾风险的分布也会发生变化。比如，随着南水北调工程的完成，在改善我国北方供水不足的同时，会不会导致其他方面的问题？比如洪涝巨灾、干旱巨灾是否会重新分布及如何分布等，都需要非常深入的研究才能解决。

再例如，虽然台风的多发地大部分集中在我国的沿海省份，但具体什么时间、多大级别的台风、在何处登陆、沿什么路线、以什么速度、深入陆地能走多远等问题，却几乎不会重复，每次都会不一样、甚至非常不一样。我们也许能够得到台风多发地、多发季、多发形式、多发级别等方面的统计资料，却很难准确预测下一次台风的具体情况。

具体到每一种巨灾风险的分布问题，不是本书研究的重点，也不可能由本书来完成，但巨灾补偿基金本身的运作和发展，离不开相关领域对每种巨灾风险本身的深入研究。正如前面的工作所看到的，对巨灾的认识越准确，注册地的划分就可以更准确、更细致，基金就可以运行得更为稳健和有效。

8.1.2　我国巨灾的空间分布复杂性

我国幅员辽阔、人口众多，国土覆盖区域中跨越了五个温度带，在地质学家划分的全球三大地震带（环太平洋地震带、欧亚地震带、海岭地震带）中，环太平洋和欧亚地震带都会对我国产生影响。我国大陆大部分地区位于地震烈度 6 度以上区域，50% 以上的国土面积位于 7 度以上的地震高烈度区域，包括23 个省会城市和 2/3 的百万人口以上的大城市。极端复杂多变的地理气候环境，使华夏民族的居住地拥有肥田沃土的同时，也使得我国成为了世界上自然灾害最为频繁的国家之一。据联合国的统计资料显示，近十年来全球发生的54 起最为严重的自然灾害中，有 8 起发生在中国。洪涝、干旱、台风、冰雹、雷电、高温热浪、沙尘暴、地震、地质灾害、风暴潮、赤潮、森林草原火灾和植物森林病虫害等灾害在我国都有发生。

而现如今仍在活动的巨大的纬向构造带、北东—北北东向构造带、北西—北北西向构造带和经向构造带等，造就了我国的平原、盆地、河流。与此同时，使我国形成了现在的地质、气候和土壤环境。而这些山体、平原、盆地、河流的分布就基本决定了我国自然灾害的分布格局。

详细研究我国各种巨灾的空间分布，不是本书研究的重点，也不是本课题能完成的任务。但巨灾空间分布研究越详细，越有利于对注册地做出更为准确的划分，从而有效提高巨灾补偿基金的稳定性和运作效率。

8.1.3　我国巨灾的时间分布复杂性

我国自古以来就是自然灾害比较严重的地区。从古至今，特别典型的时期有夏禹灾害群发期、两汉灾害群发期、清明灾害群发期、清末灾害群发期等时期。一般情况下，这些时期的延续时间都会长于 100 年，不仅如此，期间还会有一定的周期性变化。这些巨灾的时间分布或与多种因素有关，但到目前为止，我们仍然没能明确知晓其中的缘由。这意味着什么时候会面临又一个巨灾高发期，会持续多长时间，影响会有多久，会有多么严重等问题，都存在极大的不确定性。

近代以来，清末与民国时期、新中国成立初期以及改革开放时期这三个时期的巨灾都较为严重，其形成的原因也各有不同。随着近几年，我国在发展经济的同时，没能很好地保护好环境，导致我国空气、水体、土壤的多种污染，包括有机物、化学药品、抗生素、重金属、有毒尾矿等污染日益严重，我国面临的巨灾风险在不断发生变化，在时间上的不确定性也在增加。

正确了解我国巨灾的时间分布，对合理安排巨灾补偿基金的资产结构、配置方式、流动性、盈利性等极为重要，也是巨灾补偿基金正常运作后需要深入研究的重要课题。

8.2　巨灾分布统计的局限性

本书在划分巨灾的分布时，主要考虑了以下因素：巨灾易发地，巨灾发生的概率、频率，巨灾的严重程度等。虽然我们选择了一条不追求精确，只要可接受就可以的思路，极大地降低了对上述参数精确性的要求，但受限于巨灾自身的特点和历史上对巨灾统计中存在的诸多问题，相关的统计数据的局限性也是很显著的。

最显著的局限性，就是数据没有可比性和数据缺失的问题。由于巨灾风险发生频率低，但损失巨大，所以，对巨灾风险及其损失的统计常常需要跨越数百年甚至数千年的时间来搜集相关数据。如此长时间跨度中，不同时代的统计方法、口径、表述的方式、准确程度等，很难具有可比性。甚至受限于历史原因，过去发生的许多巨灾完全没有记载和统计，这就是数据的缺失问题。

相对显著的局限性，就是对巨灾统计和分析时，缺乏统一的标准，也缺乏比较公认的模型。特别是过分依赖保险机构自身的统计数据和模型，可能导致行业偏差和基差风险。

巨灾补偿基金的建立和运行，不仅可以更好地分散和应对巨灾风险，也将有助于推进我国巨灾统计相关领域的发展，这与基金本身的稳定运作相辅相成。

8.3　对于严重程度衡量的偏差

在研究中，面对不同种类的巨灾，如何确定一个能同时适用于不同类型巨灾的严重程度标准，也是一个挑战。本书的研究中，借鉴了灾度研究的方法。虽然这一方面解决了量化和统计的困难，但并不意味着灾度相同的不同类型的巨灾就必然有完全相同的严重程度。一般情况下，在确定巨灾的严重程度时，需要综合考虑巨灾的物理等级、损失程度、人员伤亡等因素。但究竟如何以更好的办法来确保不同种类的巨灾之间在统计上和事实上均有可比性，仍然需要更深入的研究。

8.4　注册地划分的精确性与经济性的平衡

在确定注册地时结合巨灾发生地的经济水平具有一定的局限性，产生的原因是巨灾影响的自然区域和经济统计的行政区域之间，并不完全匹配，比如，某一灾害的发生可能不仅仅局限在某一个市、县内，很可能在某些省市县之间同时发生。由于缺乏更为详细的，比如一个村、一个乡或某个山头或河谷的人口数目和 GDP 水平，在研究中，就只好以目前较容易获得的县级行政单位为最小注册地划分单位进行了模拟研究。

在未来的实际操作中，完全可以、也完全有必要做更为深入和精细的注册地划分，但我们认为，注册地划分也不是越细越好，其原因是，过细的注册地划分，也可能导致交易成本过高、运作费用过高等问题。这需要根据不同种类巨灾风险研究的精细程度和数据的可得性，以及相关区域的经济发展水平等，具体问题具体分析，以确定一个较为合理的精确程度，实现注册划分精确性与实施上的经济性之间的平衡。

8.5　模拟研究中存在的不足与改进方向

本项研究中，前面的理论分析和后面的模拟研究中，因为技术、数据和时间等多方面原因，还存在以下不尽一致和有待进一步探讨的问题。

8.5.1　注册地划分精度问题

在前面的理论分析中，我们设计对每种巨灾风险按 10 级分类，而在模拟研究中，我们将全国 1 973 个县及县级城市按 3 个等级来处理。虽然级数上存在较大差异，但我们在具体分级处理上，则分别取了两端和中间的模式，也就是说，模拟中的 1 等，囊括了理论分析中的 1~3 级；模拟中的 2 等，包含了理论分析中的 4~7 级；相应的，模拟中的 3 等，则相当于理论分析中的 8~10级，所以，在设定初始补偿倍数时，我们分别是按 10、5 和 2 倍来设计的。初始补偿倍数的设定虽然不完全科学，但随着基金的运行，按移动平均法计算的补偿倍数将逐步稀释这种影响。所以，这里的简化模拟，并不影响所考虑的风险层级范围和补偿倍数变化的范围，只是在精确性上，会有一定影响，而不会影响基本的趋势性结论。

详细、精确地对 1 973 个县，甚至县以下的自然乡村进行 10 级注册划分，确实是本课题无法完成的任务，但正如在前面的模拟研究指出的一样，注册划分得越准确，基金运行的效率也必将更高、更稳定。事实上，详细的注册地划分，正是实际操作巨灾补偿基金首先需要解决的问题。

8.5.2 补偿倍数问题

在理论分析中，我们提出了使用移动平均的方法，根据国内巨灾发生情况、分风险种类和注册地发生情况分别计算补偿倍的调整系数，计算和调整补偿倍数的方案。在模拟研究中，我们对不同的风险种类统一将 10 级分类，简化为了 3 等分类，这确实简化了模拟的难度，但可能使模拟结构与我们的理论模型之间形成一定的差异。考虑到模拟中，我们已经拉开了 10 倍以上的差异，这之间的误差将不足以影响整个研究的结论。

同时，这里也对移动平均和调整系数法提出另一个问题，就是当不同风险种类和注册地的补偿倍数差别过大后，是否需要人为干预，以及最高、最低补偿倍数之间，是否需要加以限制的问题。我们的建议是，先不做限制，试运行以后，根据实际情况，有必要时再限制。

8.5.3 补偿有效性问题

判断中国巨灾补偿基金运作有效性的标准，可分别从可持续性、补偿金额与损失金额之间的补损比、投入比例的可行性等几个方面来讨论。

从可持续性方面看，模拟的结果显示，即使在国家账户初始投资较低（150 亿元）、且在基金设立之初（前 10 年）就遇到重大损失的情况下，国家账户虽然可能在短期内会出现支付困难，但通过引入融资手段，国家账户仍然可以从社会账户将来的收益缴存中获得足够的还款能力，并确保巨灾补偿基金国家账户能逐步积累、发展和壮大。

从补损比来看，不同巨灾风险种类的比值不完全相同，在单一巨灾的模拟中，不同注册地的平均补损比，最低的地震风险也可以达到 17.92%，较高的如洪涝和台风，甚至平均可以达到 60% 以上。在 3 种巨灾的混合模拟中，对灾害最严重的 1 级注册地的补损比，3 种巨灾均达到了 10% 以上，这和 2008 年汶川大地震中，保险的理赔占比仅为 0.21% 相比，整整提高了 50 倍，我们认为，从这个意义上讲，这一机制的运作是有效的。诚然，如果觉得 10% 以上的补损比还不够的话，完全可以提高初始投资额和投资占 GDP 的比例，以实现更高的补偿。

从投资比例看，在我们的模拟中，即使对于风险较高的注册地，我们设定的投资比例也仅为当地 GDP 的 0.03%，万分之三的投资比例，应该在可接受的范围内，而且，这与保险的不同在于，这种投资是一次性的，而不像保费需要不断交。何况基金还有保值增值的作用和功能，而普通保费，则只是在承保期内有效，过了承保期就无效了。

8.5.4 运作成本和税收问题

基金的运作当然是有成本的，在我们的模拟中，忽略了这个问题。其背后的理由是，首先，基金将更多地以被动投资的方式进行投资以降低投资成本，或以外包的方式减少人员开支和费用；其次，由于巨灾补偿基金的补偿不需要像保险那样定损，所以，这一部分的成本和费用基本可以忽略不计；最后，基金的销售，可以通过网上直接按面值销售，其销售成本也会远低于保单。当然，无论如何低，也不可能为零，只是为了简化相应的模拟工作，没有将其计入模型。

关于税收，我们认为，做为兼顾公益的巨灾保险基金，政府理当大力支持，在一定的投资金额范围内的投资及其收益，政府应考虑免税；即便一定金额以上的投资，也应适当减税，以吸引更多的投资人参与到巨灾补偿基金的建设中来，更好地为政府账户积累资金，增强基金对巨灾风险的应对能力。因此，我们忽略了这一变量。

在未来更进一步的研究中，可将运作成本和税收因素考虑进去，对相应的模型进行进一步修正和完善。

9 课题研究基本结论

关于在我国通过对相关理论的分析和研究以及以此为基础展开的模拟研究，建立和运作全国性的巨灾补偿基金的问题，课题组得到以下结论：

（1）在我国建设巨灾补偿基金，能够全面满足本书提出的五项基本原则的要求，即兼具公益性和商业性，跨地区、跨险种和跨时间风险分散，精确性与经济性相平衡，可持续性和能将灾前预防、灾时救助与灾后重建相统一这五个方面的要求。

（2）对照了国际、国内相关的巨灾应对方案，我们认为，巨灾补偿基金是目前唯一能同时满足这五个方面要求，并能适应中国巨灾保险还很落后这一现实情况的解决方案。

（3）巨灾补偿基金运作机制的核心，是同时设立国家账户和社会账户，统一运作、独立核算，社会账户以定期缴存一定比例的收益为前提，获得国家账户在巨灾发生时的公益和商业补偿权利的期权设计。

（4）通过双账户设计中社会账户积累资金、国家账户负责补偿和信用保证的分工，可避免巨灾补偿基金二级市场受到巨灾风险的直接冲击，本书还对二级市场运作中基金的定价、不同注册地之间的价格换算、价格指数的编制、登记与结算等进行了讨论。

（5）注册地相关制度为解决巨灾风险难以精算到具体投保人的难题，在追求精确化和经济可行性之间，寻找到了一种平衡的解决办法。

（6）提出了巨灾补偿基金注册划分的基本原理、方法和标准，以及注册地更改与注册地最短持有时间等相关的管理制度。

（7）本题在制度建设的基础上，提出了国家账户和社会账户的资金变化相关模型和计算方法；同时，提出了以不分风险种类和注册地的平均单次巨灾风险为基础，分别就风险种类和注册地计算调整系数，以移动平均的办法滚动式调整，确定商业补偿倍数的完整方案，简单且适用。

（8）提出了巨灾补偿基金的定价模型和不同注册地之间的价格换算方法，

并就影响巨灾补偿基金价格的相关因素进行了讨论，为巨灾补偿基金的发行和交易奠定了基础。

（9）通过单项巨灾和多项巨灾的三级简化模拟，分别从国家账户最低余额及其变化、补偿额/损失额的补损比、多种巨灾及多种注册地之间的补偿比例等角度，表明我们提出的巨灾补偿基金是有效的，而且完全可以实现长期、可持续的运作。

附　表

附表 1　基于三种巨灾的巨灾补偿基金国家账户余额模拟数据示例 1

时间	V1	V2	V3	V4	V5	V6	V7	V8
1	150	150	150	150	150	150	150	150
2	151.081 8	150.937 3	150.878 1	151.034 4	150.606 3	151.002	150.730 7	150.858 6
3	151.906 3	151.945 2	151.196 2	151.899 4	151.659 3	152.028 8	151.626 2	151.566 8
4	151.987 5	152.792 7	151.644 6	152.904 3	152.750 6	153.001 2	152.717 4	152.583 8
5	152.867 8	153.710 5	152.502 3	153.966 4	153.348 6	153.774 2	153.590 3	153.139 1
6	153.915 7	153.453 7	153.529 3	154.601	154.319 9	154.703 5	154.692 5	153.793 4
7	152.833 9	153.339 7	154.509 6	153.360 4	155.123 9	155.706	155.552 4	154.675 4
8	150.447 3	153.015 1	154.048 6	153.663 4	154.049 7	154.790 4	156.233 7	155.185
9	150.135 9	152.909 7	153.262 4	153.732 3	153.584 1	153.705 5	155.054 8	156.031 7
10	149.769 3	153.345 1	152.717 8	150.841 4	150.877 3	152.431 7	154.878 3	156.769 4
11	150.486 6	154.358 8	153.238 5	151.762 6	151.969 1	153.458 2	155.990 1	157.813 7
12	151.272 3	155.057 4	153.925 5	152.738 3	152.631 2	154.536 3	156.952 9	158.940 8
13	152.367 3	155.990 6	154.807 5	153.326 7	153.616 8	155.539 2	157.897 3	160.016 1
14	153.452 6	156.481 8	155.711 2	154.251 7	154.569 2	156.656 2	158.938 7	160.883 1
15	154.275 1	157.604 1	156.339 8	155.157 3	155.527 6	157.604 7	160.036 4	161.461 1
16	154.654 8	158.556 9	157.346 6	156.255 4	156.511 7	158.536 9	161.177 2	162.381 4
17	155.677 2	159.367 7	157.690 8	156.948 3	157.329 1	159.291 9	161.880 9	163.506 1
18	156.499 9	160.411 8	158.752 8	157.745 6	158.172 3	160.188 9	162.575	164.443 8
19	156.887 8	159.039	159.787	158.719	158.51	161.182 2	163.306 5	164.396 7
20	155.905 6	159.473	157.780 2	159.527 1	159.217 7	162.107 1	162.229 5	164.334 9
21	154.536 7	160.555 8	158.384 6	158.641 6	158.745 7	161.161 3	162.670 7	163.036
22	155.060 9	160.413	158.625 1	158.495 2	158.154 9	161.528 1	163.547	162.441 2
23	156.024 1	160.836 5	159.396 2	159.434 5	159.150 6	162.680 9	164.669	163.598 5
24	156.695 2	161.919	160.503 7	160.492 9	160.140 5	163.592 1	165.838 1	164.762 3
25	157.487 4	162.918	161.220 8	161.258 9	160.798 7	164.662 7	166.906	165.790 1

时间	V1	V2	V3	V4	V5	V6	V7	V8
26	158. 360 6	163. 862 4	162. 356 1	162. 288 9	161. 948 3	165. 650 5	167. 948 9	166. 941 8
27	159. 500 1	164. 975 9	163. 515 5	163. 274 1	163. 052 3	166. 826 4	168. 775 2	168. 124 2
28	160. 613 7	166. 021 3	164. 292 3	164. 012	163. 954 1	168. 006 3	169. 852 2	169. 168 9
29	161. 283 2	167. 200 4	164. 912 5	165. 041 3	164. 617 2	168. 955 6	170. 644 9	170. 363 7
30	162. 216 3	167. 560 5	165. 198 8	165. 633 9	165. 379 7	169. 626 6	170. 553 9	169. 536 4
31	163. 262 9	168. 618 2	166. 172 9	166. 221 3	165. 557 5	169. 023 6	170. 717 1	168. 596 2
32	163. 328 7	167. 658 4	164. 812 6	165. 913 8	166. 513 2	167. 832 8	171. 602 1	168. 628 9

附表 2　基于三种巨灾的巨灾补偿基金国家账户余额模拟数据示例 2

时间	max	min	median	min 情况下补偿与补偿总额
1	150	150	150	0
2	150. 856 1	150. 446 4	150. 746 3	0. 635 366
3	151. 749 9	151. 531 1	151. 794 3	0
4	152. 159 5	152. 561 1	152. 844 9	0. 060 685
5	153. 197 1	153. 612 1	153. 860 4	0. 045 457
6	154. 043 9	154. 297 1	154. 823 5	0. 417 276
7	154. 491 5	155. 146 7	154. 632 4	0. 256 842
8	154. 278 9	154. 787 3	155. 086 4	1. 470 655
9	152. 641 9	154. 554 5	156. 198	1. 342 833
10	153. 176 5	154. 470 5	156. 375 6	1. 193 604
11	154. 261 4	155. 286 7	157. 196 8	0. 293 523
12	155. 370 8	156. 178 3	158. 320 9	0. 222 944
13	156. 331 8	156. 874 9	159. 451 2	0. 422 973
14	157. 344 3	157. 863 9	160. 587 7	0. 134 646
15	158. 455 1	157. 724 8	160. 955 5	1. 268 432
16	159. 503 2	158. 854	161. 355 4	0
17	160. 529 5	159. 756 5	162. 372	0. 232 995
18	161. 517 4	158. 741	163. 266 2	2. 156 081

时间	max	min	median	min 情况下补偿与补偿总额
19	160. 664 4	159. 590 9	162. 011 6	0. 286 32
20	160. 400 1	160. 352 6	162. 398	0. 379 472
21	158. 953 9	158. 736 2	162. 803 7	2. 761 891
22	158. 458 7	157. 744 3	163. 432 2	2. 130 045
23	159. 337 5	158. 619 7	164. 594 5	0. 258 368
24	160. 090 7	159. 296 6	165. 297	0. 461 937
25	161. 173 2	159. 851 9	166. 448 4	0. 587 57
26	162. 016	160. 794 9	167. 538 2	0. 203 276
27	163. 126	161. 727 7	168. 668 7	0. 218 925
28	164. 207 3	162. 512	169. 844 3	0. 372 631
29	165. 217 4	163. 673 6	171. 039	0
30	166. 243 4	164. 024 1	171. 150 7	0. 817 448
31	167. 318 4	165. 174 9	170. 835 8	0. 019 628
32	167. 915 8	165. 257 5	168. 436 2	1. 094 216

附表 3   单一注册地地震巨灾基金国家账户余额模拟数据示例 1

时间	V1	V2	V3	V4	V5	V6	V7	V8
1	150	150	150	150	150	150	150	150
2	150. 737 4	150. 647	150. 737	151. 019 8	150. 657 4	150. 937 7	150. 879 7	150. 056
3	151. 571	151. 617 2	151. 423 3	152. 104 1	151. 330 4	151. 185 8	151. 898 1	151. 038 9
4	152. 523 9	152. 705 1	152. 366 7	153. 194 5	152. 402 2	151. 399 4	152. 812 8	152. 076 7
5	153. 616 9	152. 846 8	153. 323 5	154. 116 1	153. 494 7	152. 269 7	153. 838 3	153. 151 1
6	154. 716 1	153. 730 9	154. 421 2	155. 188	154. 278 5	153. 057 3	154. 799 5	153. 789 3
7	155. 599 7	154. 558	154. 709 6	156. 022 5	155. 300 9	154. 055 2	155. 784 3	154. 866 1
8	156. 676	155. 448 8	154. 886 5	157. 081	156. 266 9	155. 117 8	156. 768 2	155. 818 6
9	157. 792 4	155. 695 3	155. 562 7	157. 723 8	157. 381 2	156. 185	157. 318 3	156. 780 8
10	158. 914 9	156. 536 5	156. 130 1	157. 941 6	158. 359 6	156. 802 1	157. 866 6	157. 597 8
11	159. 846 1	157. 320 4	156. 592	158. 959 9	159. 310 2	157. 524 1	158. 825 1	158. 72

时间	V1	V2	V3	V4	V5	V6	V7	V8
12	160. 980 1	157. 867 9	156. 923 5	159. 777 7	159. 794 9	158. 247 9	159. 890 6	159. 848 4
13	161. 512 2	157. 279 6	157. 747	160. 856 7	160. 052 9	159. 058 4	160. 718 6	160. 614 4
14	162. 296 9	157. 114 3	158. 378 1	161. 997 1	160. 466 4	160. 082 5	161. 800 4	161. 579 2
15	163. 367 8	158. 164 5	158. 627 5	162. 938 6	161. 558 3	161. 104 6	162. 634 6	162. 660 9
16	164. 460 3	158. 912 6	159. 367	164. 090 6	162. 296 4	162. 243 5	163. 565 5	163. 811 5
17	165. 533 2	159. 547 2	160. 501 8	165. 042 9	163. 400 8	163. 208 3	164. 145 3	164. 537 1
18	166. 699 4	160. 683 6	160. 568 8	166. 114 9	164. 536 7	164. 319 5	165. 061	164. 995 7
19	167. 752 4	161. 826 2	161. 688 1	167. 111 1	165. 557 5	164. 722 8	165. 838 8	165. 664
20	168. 931	162. 699 5	162. 806 5	168. 286 5	166. 413 6	165. 833 1	166. 554 5	166. 542
21	170. 074	163. 251 8	162. 696	169. 468 4	167. 092 9	166. 998	167. 366 9	167. 072 6
22	171. 024 4	164. 109 7	163. 667 1	170. 484 5	167. 979	168. 074 6	167. 985 3	167. 956 8
23	171. 740 1	165. 038 7	164. 727 6	171. 123 7	169. 143 6	168. 706 6	169. 068	169. 111 4
24	172. 771 4	165. 211	165. 201	172. 295	170. 175 4	169. 862 9	170. 217 3	170. 137 6
25	173. 829 8	166. 115 9	166. 365 5	173. 479 5	171. 344 4	171. 055 2	171. 013 5	170. 266 2
26	175. 042 6	167. 03	166. 966	174. 469 2	172. 028 2	172. 174 9	171. 2	171. 178 8
27	176. 06	167. 994 6	167. 929 6	175. 623 8	172. 907	173. 064 6	172. 400 3	172. 043 5
28	177. 233 8	168. 685 2	169. 084 3	176. 810 6	173. 830 1	173. 828 2	173. 607 3	173. 079 3
29	177. 751 5	169. 656 7	170. 199	177. 75	174. 854 5	174. 543	174. 763 3	174. 169 5
30	177. 994 5	170. 851 2	171. 396 3	178. 764 6	175. 812 9	175. 761 9	175. 700 3	175. 096
31	179. 011 5	171. 864 5	172. 579 4	180. 005 3	176. 360 8	176. 826 2	175. 986 3	175. 995 4
32	180. 151 4	173. 027	173. 417 6	180. 947 9	177. 509 4	177. 456 8	176. 715 9	177. 222 9

附表4　　单一注册地地震巨灾基金国家账户余额模拟数据示例2

时间	max	min	median	补偿	公益性补偿
1	150	150	150	0	0
2	150. 737 4	150. 745	150. 844 2	0. 278 082	0. 055 57
3	151. 571	151. 827 9	151. 621 1	0	0
4	152. 523 9	152. 916 9	152. 709	0	0
5	153. 616 9	153. 667 7	153. 803	0. 286 328	0. 057 893
6	154. 716 1	154. 640 4	154. 418 2	0. 105 71	0. 021 054

时间	max	min	median	补偿	公益性补偿
7	155.599 7	155.066 3	155.265 1	0.540 423	0.138 513
8	156.676	155.531 5	156.333 5	0.535 9	0.106 558
9	157.792 4	156.200 9	156.831 5	0.347 246	0.093 983
10	158.914 9	156.209 8	157.295 8	0.922 517	0.183 128
11	159.846 1	157.325	158.329 4	0	0
12	160.980 1	158.446 4	159.374 7	0	0
13	161.512 2	158.494 2	160.193 2	0.860 017	0.219 856
14	162.296 9	159.332 4	161.326 6	0.222 827	0.067 551
15	163.367 8	160.160 1	162.326 4	0.255 186	0.050 446
16	164.460 3	160.707 4	163.240 4	0.493 341	0.097 445
17	165.533 2	161.741	164.394 5	0.090 121	0.017 786
18	166.699 4	162.680 3	164.996 8	0.173 648	0.034 242
19	167.752 4	163.538 6	166.140 8	0.245 9	0.048 449
20	168.931	164.598 5	166.256 1	0.079 843	0.017 784
21	170.074	165.043 3	166.901 4	0.590 84	0.127 806
22	171.024 4	165.683 3	168.077	0.419 837	0.106 511
23	171.740 1	166.853 4	169.259 1	0	0
24	172.771 4	168.011 1	170.135 1	0.015 883	0.003 116
25	173.829 8	169.165 6	171.328 7	0.023 836	0.004 673
26	175.042 6	170.060 4	172.484 4	0.241 569	0.053 123
27	176.06	170.883 7	173.200 7	0.310 529	0.060 777
28	177.233 8	172.073	174.381 1	0.008 459	0.001 654
29	177.751 5	173.265 6	175.325 8	0.010 743	0.002 556
30	177.994 5	171.097	176.519 3	2.827 79	0.553 364
31	179.011 5	172.062 6	177.721 6	0.197 106	0.039 677
32	180.151 4	172.897 7	178.957 8	0.284 419	0.088 314
33	181.223 9	173.815 1	180.156 8	0.247 138	0.048 13

时间	max	min	median	补偿	公益性补偿
34	182. 307 6	174. 805 4	181. 395 6	0. 190 535	0. 037 075
35	183. 343 3	175. 883 1	182. 556 4	0. 122 041	0. 023 728
36	184. 358 8	177. 032 3	183. 518 9	0. 060 69	0. 019 65
37	185. 458 1	178. 006 9	184. 623 9	0. 211 807	0. 049 553

附表 5　　多等级注册地地震巨灾基金国家账户余额模拟数据示例

时间	V1	V2	V3	V4	V5	V6	V7	V8
1	150	150	150	150	150	150	150	150
2	151. 157 5	151. 157 5	151. 157 5	151. 157 5	151. 157 5	149. 105 5	151. 157 5	151. 157 5
3	108. 574 1	152. 321 6	152. 321 6	152. 321 6	152. 321 6	150. 259 3	152. 321 6	152. 321 6
4	109. 526 1	153. 492 3	153. 492 3	153. 492 3	153. 492 3	151. 419 7	153. 492 3	153. 492 3
5	110. 483 7	154. 669 7	154. 669 7	154. 669 7	154. 669 7	152. 586 7	154. 669 7	154. 669 7
6	94. 039 15	155. 853 8	155. 853 8	155. 853 8	155. 853 8	138. 16	155. 853 8	155. 853 8
7	94. 920 92	157. 044 7	109. 715 3	157. 044 7	157. 044 7	139. 262 3	157. 044 7	154. 527 5
8	95. 807 91	136. 580 2	89. 014 11	158. 242 3	158. 242 3	140. 371	158. 242 3	155. 712 5
9	96. 700 16	137. 676 3	89. 872 39	159. 446 7	159. 446 7	141. 486 1	147. 975 9	156. 904 3
10	97. 597 69	138. 778 7	90. 735 78	160. 658	160. 658	142. 607 6	149. 129 8	158. 102 8
11	98. 500 53	139. 887 4	91. 604 31	161. 876 1	161. 876 1	143. 735 5	150. 290 3	159. 308 2
12	99. 408 71	141. 002 5	92. 478 02	163. 101 2	163. 101 2	144. 869 8	151. 457 4	143. 238 7
13	100. 322 3	142. 124 1	93. 356 91	164. 333 2	164. 333 2	146. 010 7	152. 631 2	144. 371 4
14	101. 241 2	143. 252	94. 241 03	165. 572 2	165. 572 2	147. 158 1	153. 811 7	145. 510 6
15	102. 165 6	144. 386 4	95. 130 41	166. 818 2	166. 818 2	148. 312	154. 999	146. 656 4
16	103. 095 4	145. 527 4	96. 025 06	168. 071 3	168. 071 3	149. 472 6	156. 192 9	147. 808 6
17	104. 030 7	146. 674 8	96. 925 02	169. 331 5	169. 331 5	150. 639 8	157. 393 7	148. 967 5
18	104. 971 5	147. 828 9	97. 830 31	170. 598 8	170. 598 8	151. 813 7	158. 601 4	150. 133
19	105. 917 9	148. 989 5	98. 740 97	171. 873 3	171. 873 3	152. 994 2	159. 815 9	151. 305 2
20	106. 869 9	150. 156 8	99. 657 02	173. 155	173. 155	154. 181 5	161. 037 3	152. 484 1
21	107. 827 4	151. 330 8	100. 578 5	174. 444	174. 444	155. 375 6	162. 265 7	153. 669 7
22	108. 790 6	152. 511 5	101. 505 4	175. 740 2	175. 740 2	156. 576 6	163. 501 1	154. 862 1
23	109. 759 4	153. 698 9	102. 437 8	177. 043 8	177. 043 8	157. 784 3	164. 743 4	156. 061 2
24	110. 733 9	154. 245 5	103. 375 7	178. 354 8	178. 354 8	158. 999	165. 992 9	157. 267 3

时间	V1	V2	V3	V4	V5	V6	V7	V8
25	111. 714 1	155. 443 3	104. 319 2	179. 673 1	179. 673 1	160. 220 5	167. 249 4	158. 480 2
26	112. 700 1	156. 648	105. 268 2	180. 998 9	180. 998 9	161. 449	168. 513 1	159. 7
27	113. 691 9	157. 859 5	106. 222 8	182. 332 2	182. 332 2	162. 684 6	169. 783 9	160. 926 8
28	114. 689 5	159. 077 9	107. 183 1	183. 673	183. 673	163. 927 1	171. 062	162. 160 5
29	115. 692 9	160. 303 3	108. 149	185. 021 3	185. 021 3	165. 176 7	172. 347 3	163. 401 3
30	116. 702 2	161. 535 6	109. 120 5	186. 377 2	186. 377 2	166. 433 5	173. 639 8	164. 649 2
31	117. 717 4	162. 775	110. 097 8	187. 740 8	187. 740 8	167. 697 3	174. 939 7	165. 904 1
32	118. 738 6	164. 021 4	111. 080 9	189. 112 1	189. 112 1	168. 968 4	176. 247	167. 166 2

主要参考文献

［1］AUFFRET P. Catastrophe Insurance Market in the Caribbean Region：Market Failures and Recommendations for Public Sector Intervention. SSRN，2003.

［2］BROWNE M J，HOYT R E. The Demand for Flood Insurance：Empirical Evidence［J］. Journal of Risk and Uncertainty，2000，20（3）：291-306.

［3］Freeman P. K.，Scott K1，2005，Comparative Analysis of Large Scale Catastrophe Compensation Schemes. In OECD No. 8：Catastrophic Risks and Insurance，pp. 187-234.

［4］Gollier，C，2005，Some Aspects of the Economics of Catastrophe Risk Insurance. In：In OECD No. 8：Catastrophic Risks and Insurance，pp. 13-301.

［5］Henriet，D.，Michel-Kerjan，E，2008，Looking at Optimal Risk-Sharing in a Kaleidoscope：The（Market Power，Information）Rotational Symmetry. Working Paper，Wharton Risk Management andDecision Processes Center，Philadelphia，PA.

［6］Kleindorfer，P.，Kunreuther，H. Challenges Facing the Insurance Industry in Managing Catastrophe Risk. In：Froot，K1（Ed.），the Financing of Catastrophe Risk［J］. Univ. of Chicago Press，Chicago，1999：149-189.

［7］Kunreuther，H. Disaster Mitigation and Insurance：Learning from Katrina ［J］. Annals of the American Academy of Political and Social Science，2006，604（1）：208-227.

［8］Lewis，C. M. and K. C. Murdock. "Alternative Means of Redistributing Catas trophic Risk in a National Risk Management System"，in：Froot，K.（Ed.），The Financing of Catastrophe Risk，University ofChicago Press，Chicago and London，1999.

［9］Priest，G. L.，1996，"The Government，the Market，and the Problem of Catastrophic Loss［J］. Journal of Risk and Uncertainty"，pp. 12（2-3）219-237.

［10］Wind 数据库，中国环境数据库（EPS）.

［11］曾军.中国国债问题研究［D］.成都：四川大学，2003.

［12］陈东.建立我国巨灾补偿基金制度研究［D］.成都：西南财经大学，2010.

［13］陈培善，林邦慧.极值理论在中长期地震预报中的应用［J］.地理物理学报，1973（16）6-24.

［14］陈棋福，陈凌.利用国内生产总值和人口数据进行地震灾害损失预测评估［J］.地震学报，1997（11）：640-649.

［15］陈香.福建省台风灾害风险评估与区划［J］.生态学杂志，2007，26（6）.

［16］陈晓楠，黄强，邱林，等.基于混沌优化神经网络的农业干旱评估模型［J］.水利学报，2006，37（2）：247-252.

［17］陈雪君.巨灾补偿基金交易制度研究［D］.成都：西南财经大学，2011.

［18］程巍，王金玉，潘德惠.开放式基金巨额赎回情况下预留现金比例的确定方法［J］.数理统计与管理，2005（3）.

［19］方芳.我国开放式基金赎回风险的分析与防范［D］.成都：西南财经大学，2007.

［20］高海霞，姜惠平.巨灾损失补偿机制：基于市场配置与政府干预的整合性架构［J］.保险研究，2011（9）：11-18.

［21］高海霞，王学冉.国际巨灾保险基金运作模式的选择与比较［J］.财经科学，2012，11：30-36.

［22］葛全胜，邹名，郑景云，等.中国自然灾害风险综合评估初步研究［M］.北京：科学出版社，2008：234-235.

［23］谷洪波，顾剑.我国重大洪涝灾害的特征、分布及形成机理研究［J］.山西农业大学学报（社会科学版），2012（11）：1 164-1 169.

［24］谷洪波，刘新意，刘芷妤.我国农业重大干旱灾害的分布、特征及形成机理研究［J］.西南农业学报，2014（1）：369-373.